野餐与便当

萨巴蒂娜◎主编

中国轻工业出版社

卷首语

出门在外，也要吃好点

我喜欢坐火车，所以每次出门，我都会带足了零食和便当。美食让漫漫旅途不那么枯燥，哪怕一颗小瓜子，都可以细嚼慢咽。我不仅自己喜欢吃，还喜欢偷偷观察别人吃。我特别热爱那些准备了充足美食的旅者，在火车上把一大摊好吃的都铺开，呼朋引伴一起吃，一时间欢声笑语，拉近了陌生旅客间的距离，化解了尴尬，也吸引了足够多的眼球。爱美食的人是多么热爱生活啊，能够克服生活中的各种不方便。

上班的便当，更是要好一点。进入社会披荆斩棘，什么都可以随便，就是吃的不能马虎。营养跟不上，怎么动脑子认真工作？即便是个打工仔，也要给自己认真准备吃的，不能用一份外卖随便对付，自己呵护好自己最重要。

总记得小时候学校组织郊游，作为一个孩子，最大的乐趣就是到了目的地之后和小朋友们分享从家里带来的美食。

那个时候我特别受欢迎，同学们总乐意跟我分享她们心爱的美食：绿豆糕、小粽子、茶叶蛋、豆沙包，甚至一颗李子。那颗李子最后被我揉捏到果肉都变成了果汁，才恋恋不舍地吃掉。

其实到后面，旅游的目的地去了哪里都记不住了，但是吃过的那颗李子，永远在记忆里鲜活如初。

这是一本致敬我儿时回忆的美食书，更致敬所有热爱美食，关心自己的人，希望你们健康快乐，幸福安康。

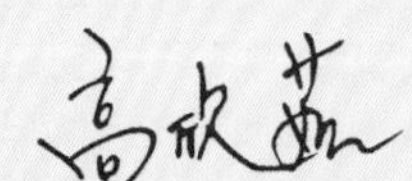

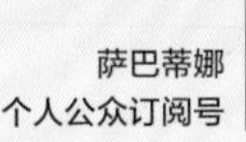

萨巴小传：本名高欣茹。萨巴蒂娜是当时出道写美食书时用的笔名。曾主编过五十多本畅销美食图书，出版过小说《厨子的故事》，美食散文集《美味关系》。现任“萨巴厨房”主编。

敬请关注萨巴新浪微博 www.weibo.com/sabadina

目 录

CONTENTS

第一章 主食的狂欢

第二章
肉肉和菜菜的外食灵感

第三章
荤素搭配的完美大餐

第四章 汤汤水水不能少

手作零食的解馋方案

容量对照表

1 茶匙固体调料 = 5 克
1 茶匙液体调料 = 5 毫升
1/2 茶匙固体调料 = 2.5 克
1/2 茶匙液体调料 = 2.5 毫升
1 汤匙固体调料 = 15 克
1 汤匙液体调料 = 15 毫升

初步了解全书

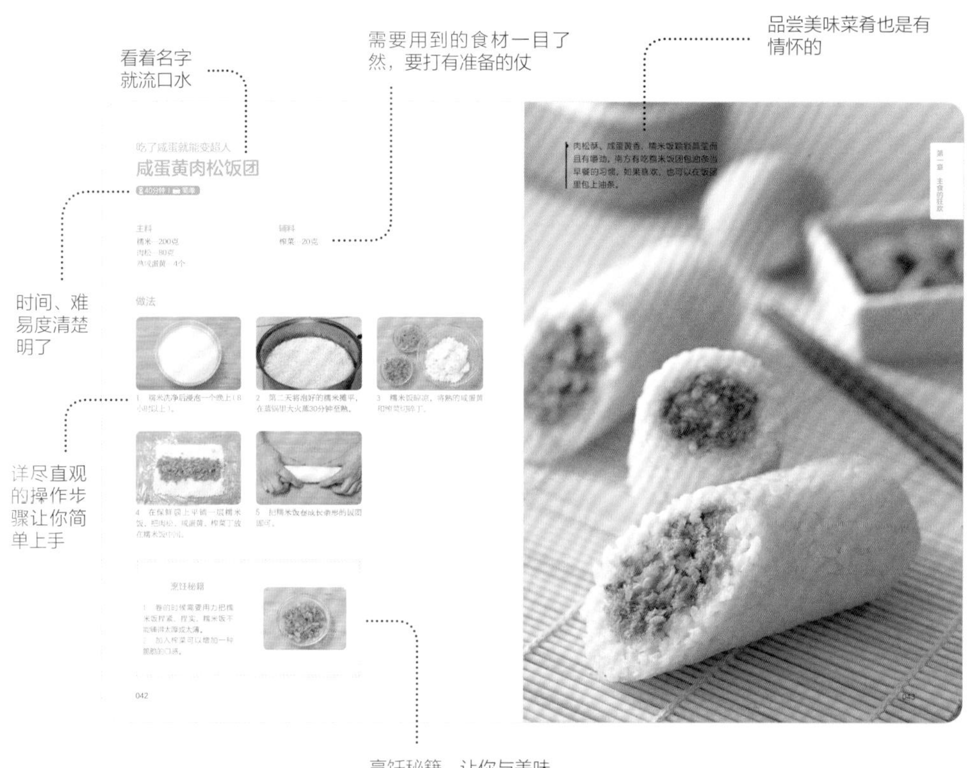

为了确保菜谱的可操作性，
本书的每一道菜都经过我们试做、试吃，并且是现场烹饪后直接拍摄的。
本书每道食谱都有步骤图、烹饪秘籍、烹饪难度和烹饪时间的指引，确保你照着图书一步步操作便可以做出好吃的菜肴。但是具体用量和火候的把握也需要你经验的累积。

书中部分菜品图片含有装饰物，不作为必要食材元素出现在菜谱文字中，读者可根据自己的喜好增减。

野餐 & 便当大作战

怎样快速准备野餐 & 便当食物

食材早采购

周末或者晚间有空的时候，可以提早想好要做的菜谱，列好清单，包括需要哪些食材、调料，各自需要的量是多少。

根据列好的清单，选择采购场所，一般来说，蔬菜、肉类适合在菜场购买，更新鲜实惠，一些特别的食材或调料，可以选择网购。

以“三杯鸡”为例：

主料

鸡全翅…250克
茭白…100克
米饭…1碗（约150克）

辅料

食用油…1汤匙　米酒…6汤匙
生抽…2汤匙　老抽…1汤匙
黑麻油…2汤匙　冰糖…20克
新鲜罗勒…10克　姜…10克
蒜…10克　葱…10克

采购步骤

- 根据卖家的发货地，提前两三天，网购米酒、黑麻油、新鲜罗勒。
- 下班后去超市，采购鸡翅、茭白以及葱姜蒜等食材。

提前巧处理

为了吃得更健康，当天的野餐或便当还是当天早上制作，但是早上时间宝贵，为了加快制作的速度，可以提前把准备工作做好。

比如，肉类提前切成丝、剁成末，腌制好，第二天早上直接就可以下锅煎炒。

以“红烧狮子头”为例：

1　提前买好七分瘦三分肥的猪肉，洗净。

2　先切片，再切丝，最后切小丁、剁成末。

3　加上适量姜末、蛋清搅匀，挖一勺肉末，团成一个大肉丸子备用。

家中备神器

电饭煲　最适合用来做花样焖饭，只要制备好，放入锅中，按一下键，就可以等着收获一锅好饭。电饭煲还有预约煮饭功能，第二天准备野餐，预约好早上的煮饭时间，就可以先忙别的，饭自动按时煮好。另外，电饭煲除了焖饭，还可以用来卤肉、烧鸡翅。

烤箱　烤箱除了能烤蛋糕，还可以烤各种各样好吃的蔬菜和肉。“烤箱料理”制作简单，刷好调料后，就塞进去等着“魔法变身”了。在这段时间，你还可以做两个炒菜呢。

搅拌机（料理机）　用来制作自己喜欢的饮品最方便不过。而且它还可以用来碎肉、磨粉，是提高效率的好帮手。

不粘锅　煎、炒、煮、炸，没有它不会的，最好备一个小而深的锅用来炸，稍大浅口的锅用来炒。

微波炉　微波炉在解冻、加热、快煮等方面都是一把好手，是节约时间的“神助攻”。

巧心思，妙搭配

食材多样

肉类

猪肉，包括五花肉、肉末、大排、肋排等，除了新鲜的，还有培根、火腿、午餐肉等加工类制品可以选择。
鸡肉，包括鸡胸肉、鸡腿肉、鸡翅。
牛肉，包括牛腩、牛里脊。
另外，新鲜的羊肉，无刺的鱼，比如龙利鱼，以及去壳的虾仁等，都是好选择。

蔬菜

绿叶菜不易保存且容易变色，所以在野餐和便当的蔬菜食材中，绿叶菜真的只能作为“绿叶”点缀，蔬菜的选择标准是：有色、有味、有型。
比如番茄、芦笋、青椒、洋葱、甜豆、胡萝卜、土豆、豌豆、西蓝花……
还有菌菇里面的香菇、蘑菇、金针菇，蛋类里的鸡蛋、鸭蛋、鹌鹑蛋，也是制作便当的热门食材哦。

荤素搭配

两种实现方法：

1. 做一道有荤有素的主菜，比如番茄牛腩、土豆牛腩、香菇鸡翅、火腿豌豆等。
2. 做了一道纯肉的“硬菜”后，给它搭配一个水灵灵的烫蔬菜，比如照烧鸡腿+烫西蓝花，或者烤完肋排后，再烤几根芦笋。

这个搭配灵感是不是超简单！

粗细兼收

主食的选择尽量做到“细中有粗”，可以将糙米、小米、黑米等粗粮和大米以1:3的比例（即三份大米、一份杂粮）做成杂粮饭。

高颜值，更美味

食材要保鲜，更要“保色”

在食材界，有一些简单好用的窍门请收好：

过凉水 绿叶菜（如菠菜、芥蓝）焯熟后，过一遍凉水/冰水，可以保持翠绿。

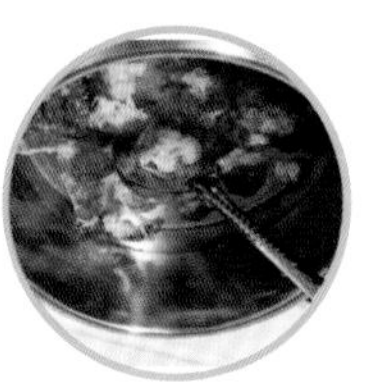

浸泡 土豆、莲藕、山药容易氧化，去皮切好后要浸泡在水里。

快炒不加盖 炒绿色蔬菜不要盖锅盖，以免蔬菜中的有机酸难以挥发，形成酸性环境，使叶绿素分解。

小道具是加分利器

可以购买一些小道具，比如花形切片器、鸡蛋切片器等，来给野餐和便当增添趣味。

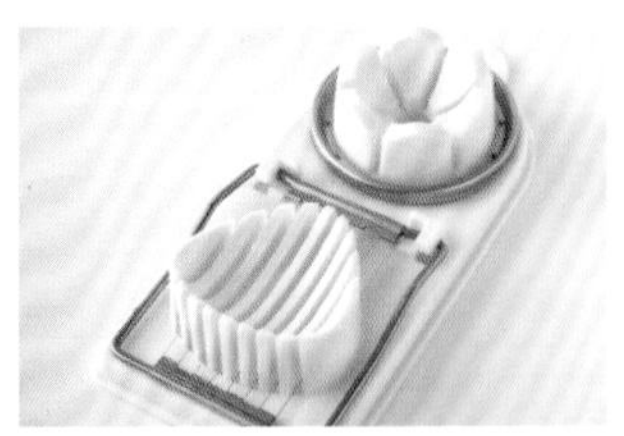

哪些食物适合作为野餐 & 便当

卷卷是万能的

揉一团面，烙几张薄面饼，卷上肉、蛋、蔬菜，有无数的灵感，可变幻出各种花样。

卷饼食材万能搭配

- **肉丝** 比如牛肉丝、鸡肉丝、猪肉丝都可以，任选一种。

- **蛋丝** 蛋液搅拌均匀，在平底锅中煎成薄薄的蛋皮，切成细条。

- **黄瓜/青椒/豆芽等** 长条状爽脆蔬菜。

百搭的薄饼这样做

1 在200克面粉中倒入100毫升沸水，快速搅拌，水和面粉混合。

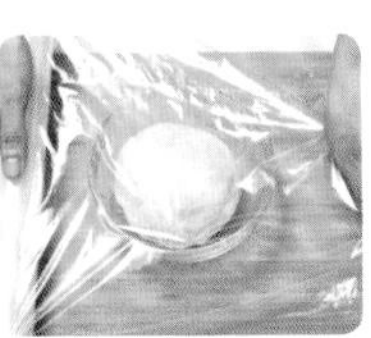

2 接着倒入约35毫升冷水，水要一点点加入，和成一个柔软的面团，盖上保鲜膜，松弛20分钟。

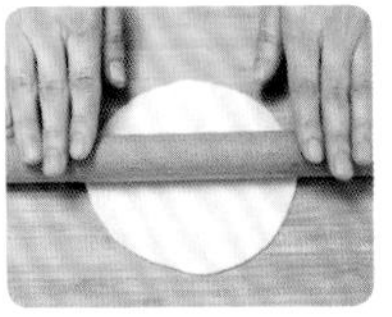

3 把面团分成大小均匀的6份，把每份面团擀开，成为一张薄薄的面饼。

4 平底锅烧热，不放油，用中火烙面饼，至饼皮有点鼓胀时，翻至另一面。

5 翻面后再烙30秒左右，一张饼就烙好了，重复几次即可烙完所有的面饼。

沙拉能当饭吃吗？能！

还以为沙拉是一堆草吗？
你落伍啦！
沙拉可荤可素，丰俭由己。
一份蔬菜沙拉，是肉肉的解腻搭档，如"笔筒沙拉"：

主料

黄瓜…200克　青椒…100克
红椒…100克　胡萝卜…100克
山药…80克　芦笋…100克

辅料

番茄酱或沙拉酱…适量

做法

1 黄瓜去掉中间有子的部分，取边上爽脆部分；胡萝卜去皮；青红椒去子、去蒂，均切成1厘米宽的细长条。

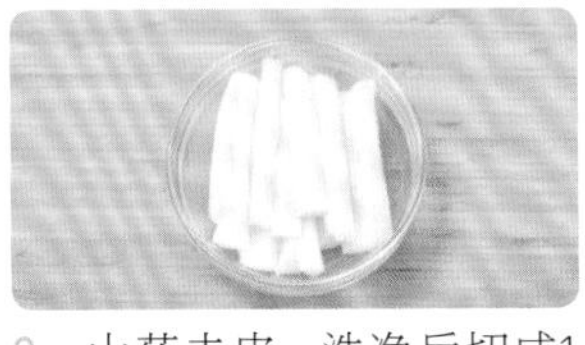

2 山药去皮，洗净后切成1厘米宽的细长条，放入沸水中焯熟后捞出沥水。

3 芦笋去掉老根，放入沸水中焯熟，迅速过冷水后沥水。

4 将所有蔬菜装入长方形餐盒，番茄酱或沙拉酱单独装小餐盒。

一份加了鸡蛋的沙拉，饱腹又能补充能量，如“鸡蛋牛油果沙拉”：

主料

鸡蛋…两个　牛油果…100克
生菜…60克　樱桃萝卜…20克

辅料

熟原味核桃仁…20克
焙煎芝麻沙拉汁…1汤匙

做法

1　鸡蛋煮熟，凉凉后剥壳，切成小块。

2　牛油果去皮、去核，切成小块。

3　生菜洗净，撕成片状；樱桃萝卜洗净，切小圆薄片。

4　将所有食材放入大碗中，浇上焙煎芝麻沙拉汁，拌匀即可。

一份水果沙拉，是一次野餐的完美搭配……

主料

苹果、香蕉、橙子…各1个
猕猴桃…2个
白心火龙果…半个
圣女果…10个左右

辅料

葡萄干、蔓越莓干…各15克
原味酸奶…150克

做法

1　将苹果、香蕉、橙子、猕猴桃、白心火龙果分别去皮。

2　上述食材分别切成1厘米见方的小块状。

3　放在大碗中，加入葡萄干、蔓越莓干。

4　吃之前淋入酸奶即可。

特别提醒

市售的蛋黄酱热量较高，因此拌沙拉时推荐使用少量油醋汁调味，水果沙拉用原味酸奶调味。

三明治的百变玩法

只要有两片面包、两片生菜、半个番茄、一个鸡蛋，你就打开了一个新世界，或者说，你就拥有了开启“百变三明治星球”的钥匙。

在这个基础搭配上，可以加炸鸡排、煎培根、午餐肉等，变出一个超满足的肉肉三明治。

如果没有肉和菜，就来做甜味的三明治。水果切片，夹在两片面包中间，加一点奶油或者花生酱即可。

使用这些工具，小白逆袭成高手

塑料密封盒

各种容量的塑料密封盒是打包食物的好帮手。需要多准备一些，比如500毫升的放主菜，300毫升的放配菜，120毫升的放零食等。

一般来说，这类密封盒尽量选择方形，空间使用更紧凑。

保温包 / 保温便当盒

保温包用来装各种餐盒，类似外卖小哥的装备。便当盒有各种不同容量的，一般可以装下一份主食和两个配菜，还有各种各样的花式便当盒可供选择。

密封杯

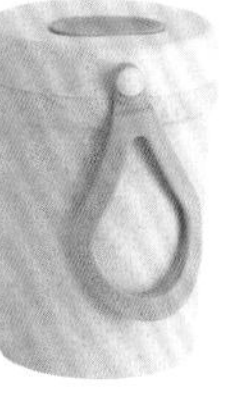

密封性好的塑料杯，用来携带常温的饮品或是带汤水的菜品。

保温杯

保温杯用来装汤或者热饮，可以保温6小时左右，足够支撑到用餐的时间。

野餐篮

用来放置常温食品和餐具的竹编拎篮，适当大一些更实用。

分装袋

易封口的方形塑料袋是居家旅行的必备好物，不带汤汁的食物以及一些零食，可以装在塑料袋里，更轻便。

注意一定要购买食品专用的哦，一般在袋子上都有标注。

便携式冰箱和冰袋

如条件允许，可以带上便携式小冰箱和冰袋，在户外来一杯冰镇饮料，舒爽惬意。

竹签

野餐时，特别推荐制作一些串串类食物，比如水果串、烤肉串等，既便于分食，也更有气氛。
需要注意的是，竹签顶部不要过尖，而且也不宜太长。

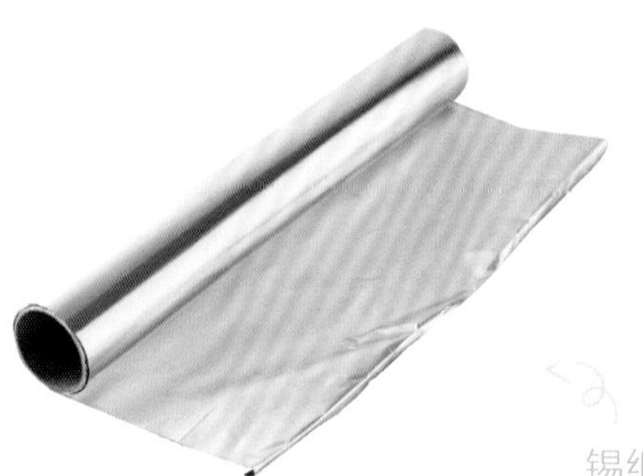

锡纸（铝箔纸）

锡纸除了用来烘焙外，还可以起到保鲜隔离的作用，包裹住食物，既干净卫生，还避免串味。

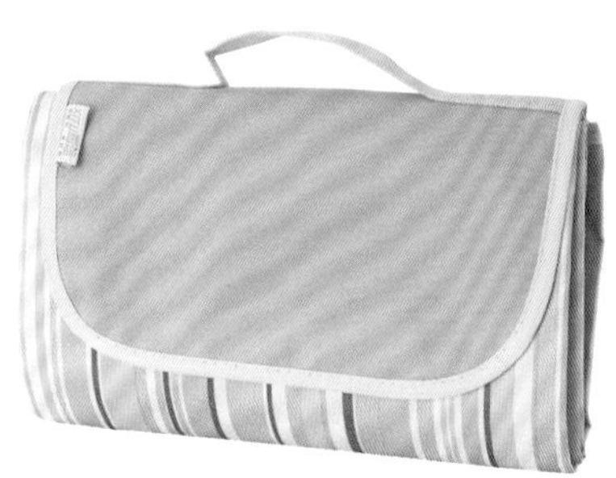

防潮垫

计划在草地或者沙滩上野餐时，记得带上防潮垫，既舒适又防水。

垃圾袋

在户外用餐记得不要留下垃圾。

第一章

主食的狂欢

主食是每天所需能量的主要来源。无论是上班族的午餐，还是出外野餐的食物，主食都是核心主角，值得好好花心思准备。

荷塘边的馋嘴肉食

荷叶饼卷五花肉

40分钟（不含面团发酵时间）| 中等

主料

面粉…200克
猪五花肉…200克
生菜…80克

辅料

干酵母…3克
细砂糖…10克
食用油…1汤匙
料酒…2茶匙
蚝油…2茶匙
韩式甜辣酱…适量

做法

1 面粉里加细砂糖拌匀，干酵母用约60毫升温水化开后，加入面粉中。

2 用温水把面粉揉匀，放在温暖的地方发酵至两倍大。

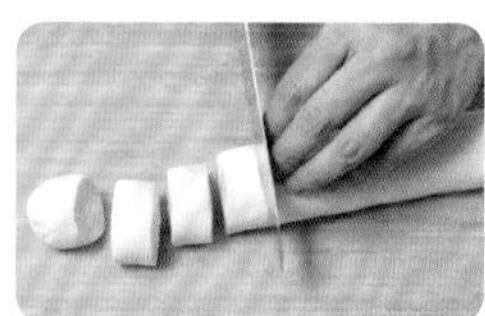

3 把发酵后的面团揉至气体排出，揉成长条形，切成20克左右一个的剂子。

4 把每个剂子揉圆后擀成牛舌状，在面饼上薄薄刷一层食用油，将饼皮对折。

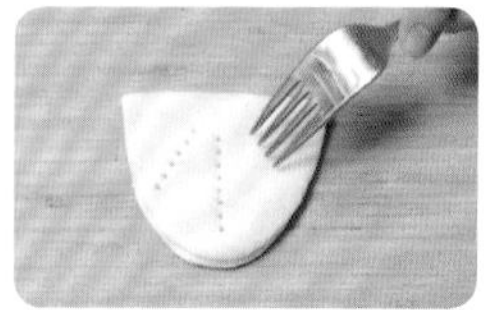

5 在面饼上用叉子按压成左、中、右三排荷叶纹路，底部捏出叶柄。

6 放蒸锅中二次发酵10分钟，然后大火烧开水，水沸后蒸15分钟左右，荷叶饼完成。

7 五花肉切薄片，放在料酒、蚝油中腌制10分钟。

8 平底锅烧热后刷薄薄一层油，把五花肉用中小火煎熟即可。

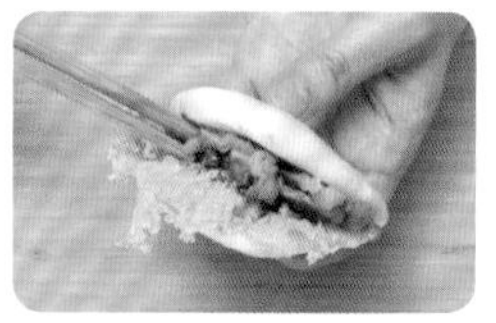

9 把五花肉、生菜夹在荷叶饼中，抹甜辣酱卷着吃。

烹饪秘籍

1 把五花肉放冷冻室冻硬，可以切成均匀的薄片。
2 如时间允许，五花肉腌制整晚味道更好。

荷叶饼柔软洁白，煎五花肉金黄焦香，用简单的方法也能做出豪华的“烤鸭”感觉。荷叶饼面团里可以加一些南瓜泥，既健康又好看，如果添加南瓜泥，需要适当减少水量。

把我的爱切成一个洋葱圈

洋葱圈蛋饼

20分钟 | 简单

主料

鸡蛋…两个
面粉…30克
洋葱…80克
熟玉米粒…20克
芦笋…80克

辅料

盐…1/2茶匙
油…2茶匙
白胡椒粉…适量

做法

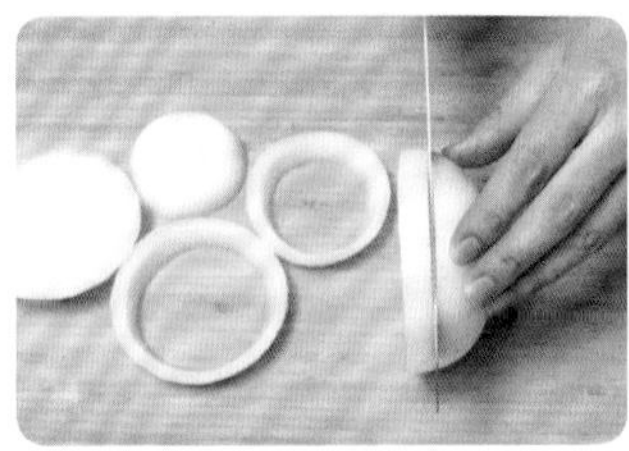

1 取洋葱的中间部位，切出几个圆形的洋葱圈。

2 把剩余的洋葱切碎丁，芦笋切小圆薄片，和玉米粒一起混合。

3 鸡蛋打散，放入洋葱碎、芦笋片、玉米粒、盐、白胡椒粉和面粉，搅拌均匀成蔬菜面糊。

4 在平底锅中倒入油，放入洋葱圈。

5 用勺子把面粉蔬菜糊舀入洋葱圈中，中小火煎。

6 一面煎至焦黄后，再翻面煎至焦黄即可。

烹饪秘籍

1 如面糊过于浓稠，可以适当加点水，面糊的浓稠度以舀进洋葱圈能流畅地滴落下来摊平为准。

2 切洋葱时容易流泪，如果把洋葱放冰箱冷冻区冷冻10分钟左右，在没有完全冻硬的时候快速切，就可以减少对眼睛的刺激。

把蔬菜切得碎碎的，拌进面糊里，让不喜欢吃蔬菜的小朋友不知不觉吃下很多蔬菜。洋葱从中间切开，很方便就能取出一个圆圈，是一个天然“模具”。

黑胡椒的灵魂香气

牛肉馅饼

50分钟 | 简单

主料

面粉…300克
牛肉末…300克
洋葱…50克

辅料

黑胡椒粉…1/2茶匙
盐…1/2茶匙
生抽…2茶匙
生姜…10克
香油…1茶匙
油…少许

做法

1 慢慢往面粉里加入约150毫升温水，和成一个柔软的面团，将面团静置半小时松弛一下。

2 洋葱去皮、切碎，生姜切碎末，和牛肉末、黑胡椒粉、盐、生抽、香油混合，往一个方向搅打上劲。

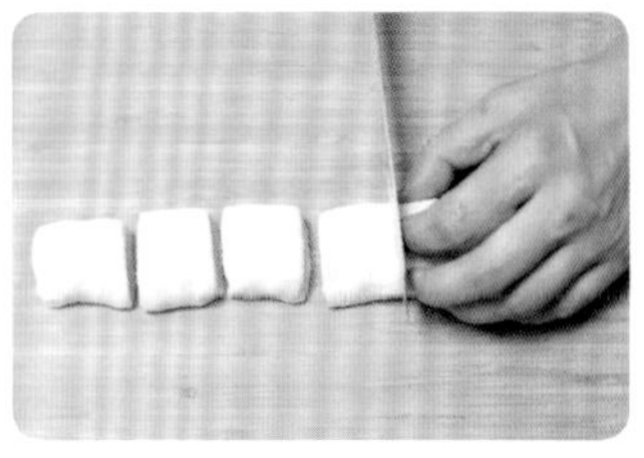

3 把松弛后的面团揉搓一会儿，分成30克左右的剂子，擀平。

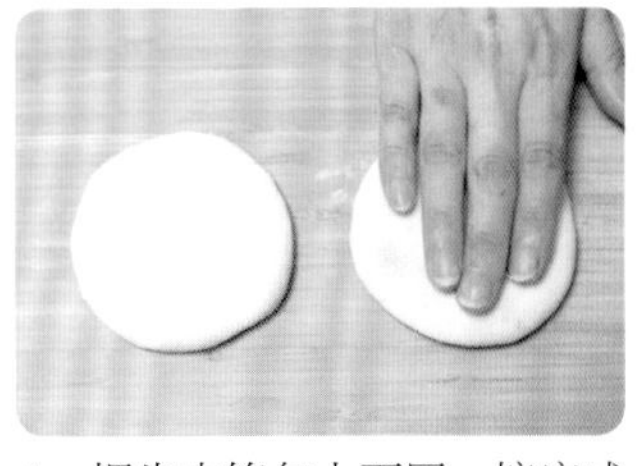

4 把牛肉馅包入面团，按扁成饼状。

5 平底锅加热，刷薄薄一层油，放入牛肉馅饼，用中火煎至两面焦黄。

6 烤箱180℃预热10分钟，牛肉馅饼放入中层，上下火烤15分钟左右，至两面金黄即可。

烹饪秘籍

1 牛肉馅里还可以打入一个鸡蛋，丰富口感。
2 如家里没有烤箱，可以在平底锅里一直用中小火煎至馅饼熟透。

饼皮柔软，牛肉馅儿多汁，加入黑胡椒，香气四溢。在这里黑胡椒不可以省略哦，因为它是“灵魂”调料，一咬开皮儿，就会出现一种震撼灵魂的香气！

想不到“肥宅快乐水”还可以卤肉

青椒卤肉卷饼

50分钟 | 简单

主料

猪五花肉…400克
青椒…100克
面粉…200克

辅料

老姜…1块（约10克）
料酒…2汤匙
生抽…3汤匙
可乐…400毫升

做法

1 猪五花肉洗净，切成2厘米见方的小块；老姜切片，青椒洗净、切碎。

2 把五花肉、姜片和生抽、料酒一起腌制半小时。

3 把腌制好的五花肉连同腌料一起倒入电饭煲，倒入可乐，按煮饭键。

4 大约煮25分钟，煮的过程中需要开盖搅拌一下，至汤汁浓稠、五花肉变酱色后，出锅凉凉，切碎。

5 煮肉的过程中，将100毫升沸水倒入面粉，快速搅拌混合。

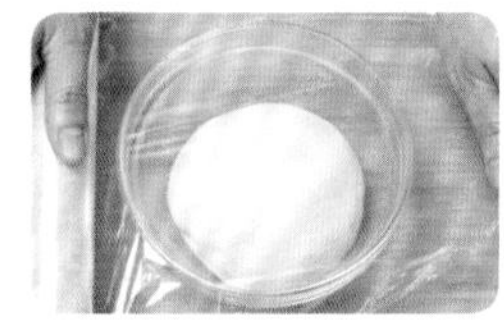

6 接着倒入约35毫升冷水，水要一点点加入，和成一个柔软的面团，盖上保鲜膜松弛20分钟。

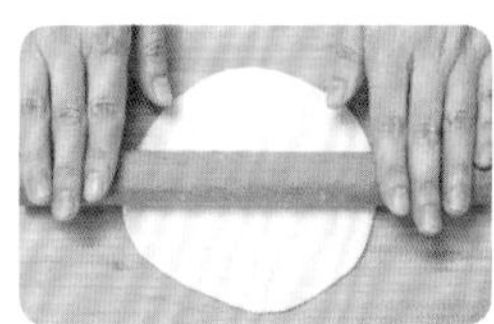

7 把面团分成大小均匀的6份，把每份面团擀开，成为一张薄薄的面饼。

8 平底锅烧热，不放油，用中火烙面饼，至饼皮有点鼓胀时，翻另一面。

9 翻面后再烙30秒左右，一张饼就烙好了，重复几次，烙完所有面饼。

10 最后把卤肉和青椒碎混合，放在面饼里卷起来即可。

烹饪秘籍

1 这个卷饼的饼皮用沸水来和面，可以快速地揉出一个柔软的面团。
2 饼皮一定要擀得均匀而薄，既方便烙熟，吃起来口感也好。

可乐鸡翅是很多新手零失败的“大菜”，这次用可乐和电饭锅来卤肉，成果同样令人惊喜，再也没有比这个更懒人的卤肉做法了，关键是还很好吃。

饼饼卷一切

午餐肉炒蛋卷饼

50分钟 | 简单

主料

午餐肉…100克　牛奶…80毫升
鸡蛋…200克　面粉…120克

辅料

黄油…15克
盐…1/2茶匙

做法

1　将100毫升沸水和约35毫升冷水相继倒入面粉，和成一个柔软的面团。

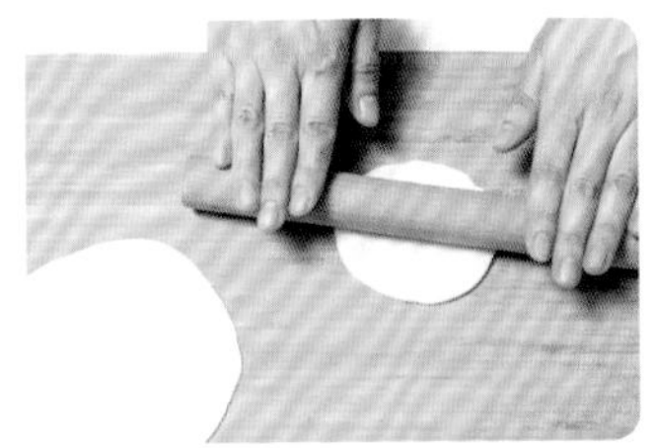

2　将面团分成6份，擀成薄薄的面饼，在平底锅中烙熟（面饼做法详见第11页之“百搭的薄饼这样做”）。

3　午餐肉切成1厘米厚的片状；鸡蛋磕入碗中打散，加入盐、牛奶搅拌均匀。

4　平底锅中火烧热，放入10克黄油，融化后倒入蛋液。

5　用中火加热蛋液，等蛋液凝固后，改小火翻炒蛋液半分钟，盛出炒蛋。

6　在锅里放5克黄油，中小火融化，放午餐肉片，煎至两面焦黄后盛出。

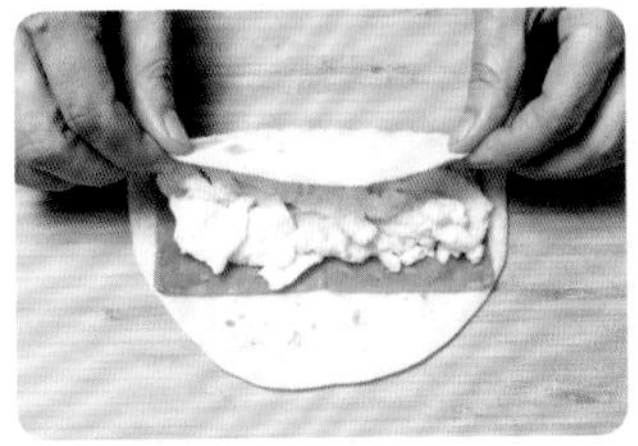

7　在面饼上放炒蛋和午餐肉，卷起来即可。

烹饪秘籍

1　黄油也可以换成玉米油或其他植物油，但黄油有一种浓浓的奶香味，和牛奶炒蛋味道很搭。
2　午餐肉也可以换成等量的培根或火腿。

有牛奶、有鸡蛋，还有午餐肉，这份卷饼蛋白质满满。牛奶加入蛋液，小火炒出来的鸡蛋滑嫩松软，还有奶香味，值得一试。

春天的素味春饼

菠菜土豆丝卷饼

30分钟 | 简单

主料

面粉…250克　菠菜…80克
土豆…300克　胡萝卜…80克

辅料

盐…1/2茶匙
玉米油…2茶匙
甜面酱…适量

做法

1　把约180毫升沸水倒入面粉，用筷子搅拌成絮状，等稍凉后，迅速揉成面团。

2　揉至面团均匀光滑，盖上保鲜膜或湿布，静置松弛20分钟。

3　把土豆、胡萝卜洗净、切细丝；菠菜洗净，切成5厘米左右的段，放入沸水中焯熟后，捞起沥水。

4　锅烧热后放油，倒入土豆丝和胡萝卜丝，中火翻炒5分钟左右，放盐调匀，起锅。

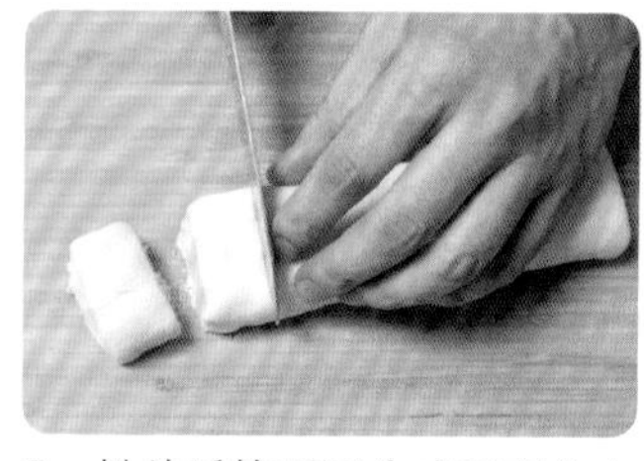

5　松弛后的面团分成20克左右大小的剂子，把剂子擀开成薄薄的面饼。

6　平底锅不放油，中火烧热后放入面饼，烙至气泡鼓起后翻面，继续烙半分钟。

7　在烙好的薄饼上刷一层甜面酱。

8　再放上菠菜、土豆丝和胡萝卜丝，卷起来即可。

烹饪秘籍

1　还可以放豆芽、黄瓜等爽脆口感的其他蔬菜。
2　因为面粉已用沸水烫至半熟，在烙饼的时候一定不要烙得过久，以免饼皮干硬。

很多人都爱吃土豆丝，它含有丰富的B族维生素；菠菜碧绿，胡萝卜橙黄，素味春饼的颜色清爽明亮，味道清新，很有自然气息。

惬意好时光

厚松饼

50分钟 | 中等

主料

低筋面粉…50克
鸡蛋…150克
牛奶…60毫升

辅料

泡打粉…3克
细砂糖…30克
黄油…10克

做法

1 分离蛋清、蛋黄；蛋黄和低筋面粉、牛奶、泡打粉混合。

2 将蛋黄面粉混合液搅拌均匀至没有颗粒。

3 细砂糖分三次加入蛋清，用电动打蛋器打发蛋清至干性发泡，即提起打蛋头，可以拉出一个尖角。

4 挖取三分之一的打发蛋清，加入到蛋黄糊里，搅拌均匀。

5 将搅拌均匀的蛋黄糊倒入剩下的打发蛋清里，再次搅拌，成为均匀的面糊。

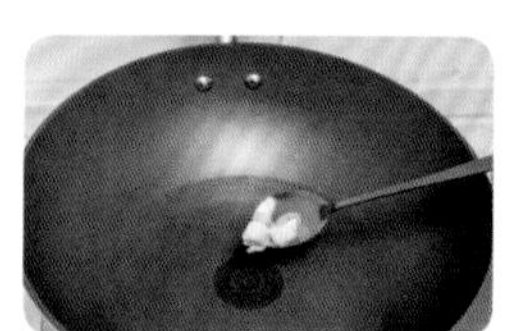

6 平底锅烧热，放2克左右黄油，把平底锅底薄薄地铺一层油。

7 舀一勺面糊放入锅中，全程小火煎。

8 待面糊底部凝固，小心翻面，煎至面糊鼓起成为厚厚的饼状，起锅。按以上做法把剩余黄油和面糊烹饪完即可。

烹饪秘籍

1 如果对打发蛋清有经验，有把握顺利打发至干性发泡，可以减少或者省略泡打粉。
2 最后煎松饼的环节，可以用圆形的金属饼干模定形，把面糊倒入模具，这样煎出来的松饼更圆也更厚。
3 煎好的松饼空口吃已经很美味，也可以蘸蜂蜜，或者撒一层糖粉，颜值更高。

厚厚的松饼香甜绵软，最适合配一杯花茶或者咖啡，和好朋友一起，懒懒地坐在阳光下，愉快地来一场甜蜜的下午茶。

"土味"热狗

香香热狗包

30分钟（不含面团发酵时间）| 简单

主料

面粉…200克
火腿肠…6根
温牛奶…100毫升

辅料

干酵母…3克

做法

1　把干酵母放入20毫升左右的温牛奶中溶化，把酵母液倒入面粉。

2　再把剩下的牛奶一起倒入面粉，把面粉和牛奶和成一个柔软的面团。

3　在面团上盖保鲜膜或湿布，放在温暖的地方发酵至面团变成两倍大。

4　把发酵后的面团继续揉至排气，分成20克左右的剂子，把剂子搓成细条状。

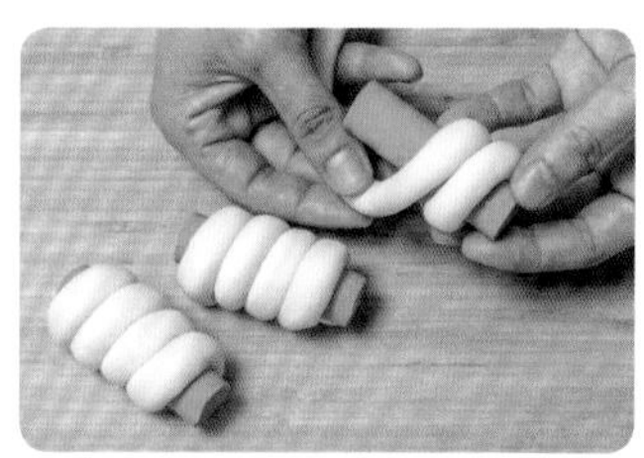

5　火腿肠切成3~5厘米长的段，把细条状面团缠绕在火腿肠上。

6　把热狗馒头包排列在蒸锅上，二次发酵20分钟左右。

7　冷水上锅，大火蒸，水开后蒸大约12分钟，关火后闷5分钟，揭盖即可。

烹饪秘籍

用牛奶代替水和面，使馒头带奶香，口味更好。

一般我们看到、吃到的热狗都是面包版本的，但是用馒头做的“土味”热狗你吃过吗？温软的馒头和香香的火腿肠合二为一，咬一口，软乎乎、香喷喷，有面香，有肉香。

当你有吃不完的剩吐司

迷你小比萨

20分钟 | 简单

一般买了整袋吐司的时候，总会吃得剩下几片，把剩吐司“变废为宝”做成迷你比萨，加上自己喜欢的配菜，大人小孩都爱吃。

主料

吐司面包…4片
马苏里拉奶酪…100克
速冻蔬菜丁…100克

辅料

培根碎…20克
番茄酱…2汤匙

做法

1　吐司面包的一面刷番茄酱，马苏里拉奶酪切碎。

2　在吐司上撒一层马苏里拉奶酪碎。

3　在奶酪上撒培根碎和蔬菜丁，再撒一层奶酪碎。

4　烤箱180℃预热10分钟，上下火烤10分钟至奶酪碎融化即可。

烹饪秘籍

1　吐司面包可以选用白吐司、牛奶吐司或者全麦吐司，但不宜选用蜜豆吐司等花色的甜味吐司。
2　还可以放几片蘑菇增加风味，但蘑菇片需要事先焯熟。

一片馒头的两种吃法

煎馒头脆片

⌛10分钟 | 简单

这款煎馒头脆片既适合“甜党”也适合“咸党”，想抹炼乳抹炼乳，想抹腐乳抹腐乳，把煎馒头片吃出土豪的感觉。

主料

刀切馒头…6个

辅料

黄油…70克
炼乳…40克（或腐乳3小块）

做法

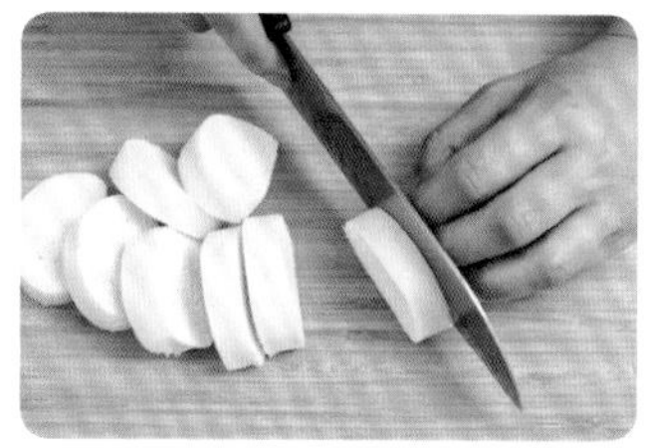

1 将刀切馒头横切成厚约1厘米的片状。

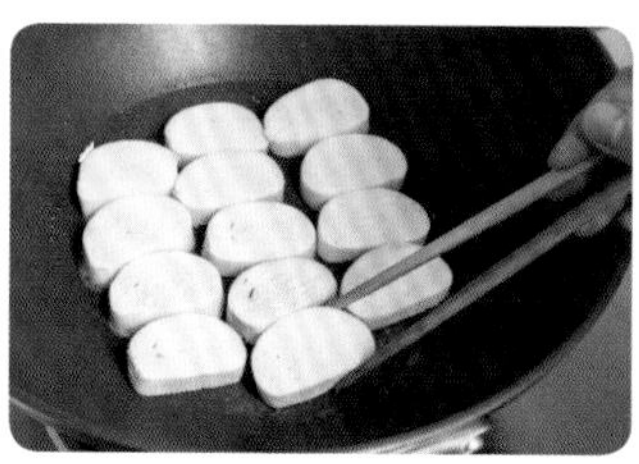

2 平底锅烧热，放黄油融化，放入馒头片，中小火煎。

3 煎至焦黄后，翻面继续煎。

4 两面焦黄后，抹上炼乳或腐乳即可。

烹饪秘籍

1 煎馒头片的时候火候要掌控好，火太大容易煎煳，太小则不会变脆，需要随时调整火候大小。

2 如果腐乳太干，可以加一点点水调开成酱状。

没有面包也能做汉堡

馒头小汉堡

15分钟 | 简单

主料

白馒头…4个
培根…60克
鸡蛋…4个
生菜…60克
番茄…60克

辅料

食用油…1茶匙
老干妈辣椒酱…适量

做法

1 把白馒头横向一切为二，成为汉堡坯，番茄从中间切成4个圆的厚片。

2 平底锅加热，倒入油，小火慢慢把培根煎熟。

3 平底锅不用洗，将4个鸡蛋继续在锅里煎成荷包蛋。

4 馒头片上抹一层老干妈辣椒酱增加风味。

5 再把培根、荷包蛋、番茄和生菜夹入馒头片即成。

烹饪秘籍

用煎完培根的平底锅煎荷包蛋，荷包蛋会更香。

脆脆的生菜，香香的培根，软软的馒头，馒头小汉堡看起来很家常，味道却不普通，可以在准备好食材后，在开吃前“组装”，颜色红绿黄搭配，赏心悦目。

香飘十里就是你

炸鸡排三明治

40分钟 | 简单

主料

鸡胸肉…200克　番茄…50克
鸡蛋…两个　生菜…60克
吐司…4片（200克）

辅料

玉米淀粉…30克　盐…1/2茶匙
面包糠…50克　玉米油…300毫升（实耗约30毫升）

做法

1　鸡胸肉从中间横着片成约1厘米厚的薄片，用刀背把鸡肉拍松。

2　在鸡胸肉上加入盐、约10毫升玉米油和5克左右淀粉，用手抓匀，腌制半小时。

3　鸡蛋打散成蛋液，番茄、生菜洗净，番茄切圆片，生菜撕成大片。

4　先将鸡胸肉裹上薄薄一层淀粉，再放入蛋液中浸透，裹上一层面包糠。

5　锅烧热，倒入剩下的玉米油，油锅热后，放入鸡胸肉炸。

6　中火炸至鸡胸肉两面金黄，出锅沥油。

7　在两层吐司面包中夹入炸鸡排、生菜、番茄，炸鸡排三明治即成。

烹饪秘籍

1　喜欢吃辣的，可以在腌制鸡胸肉时加1茶匙辣椒粉。

2　炸制鸡排时要注意用中火，大火容易炸焦，小火会多吸油。

鸡胸肉蛋白质含量高、脂肪少，是很好的肉食来源，最关键的是，炸鸡排实在太香、太诱人，等不到做成三明治，就被它给馋哭了。

基础款三明治，一次掌握！

火腿蛋三明治

20分钟 | 简单

三明治是一种起源于西方的“古老”食物，做法和种类也非常多，这种简简单单的鸡蛋三明治可以作为“基底”，再加上自己喜欢的食材，变幻出不同的口味。

主料

吐司面包…4片
鸡蛋…150克
熟火腿片…60克

辅料

沙拉酱…20克
黑胡椒粉…1/2茶匙
盐…1/2茶匙

做法

1　鸡蛋煮熟，剥壳。

2　把熟火腿片和鸡蛋都切碎，加沙拉酱、黑胡椒粉、盐，搅拌均匀。

3　把鸡蛋火腿碎加入两片面包中间，切去吐司硬边。

4　最后切成三角形或者方形即可。

烹饪秘籍

鸡蛋火腿碎和调料一定要搅拌均匀。

甜味三明治的打开方式

花生酱香蕉三明治

15分钟 | 简单

花生酱太香了，香得人无视它的高热量，吃得痛快淋漓，脏了嘴巴和手也不怕。另外，如果再浇上一勺巧克力酱，一定能让你多吃两个！

主料

吐司面包…2片（100克）
香蕉…80克

辅料

花生酱…20克
巧克力酱…适量

做法

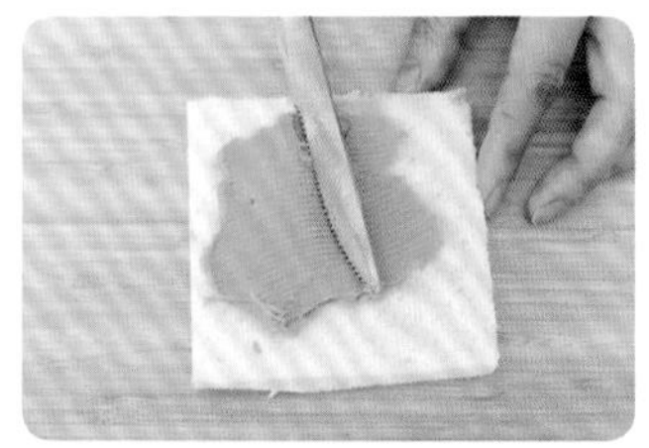

1　吐司面包切去硬边，抹一层花生酱。

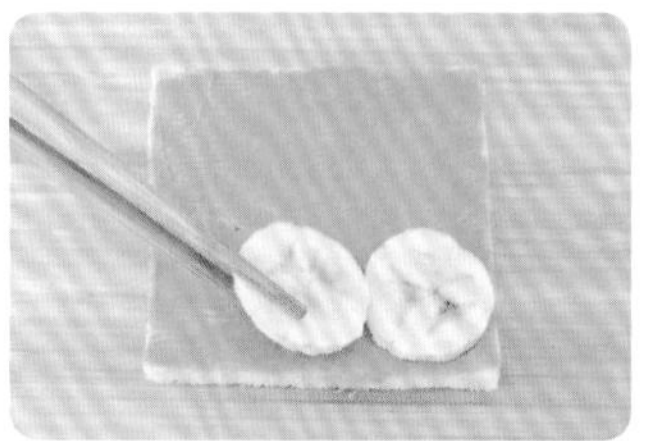

2　香蕉去皮，切厚的圆片，排列在抹好花生酱的吐司上。

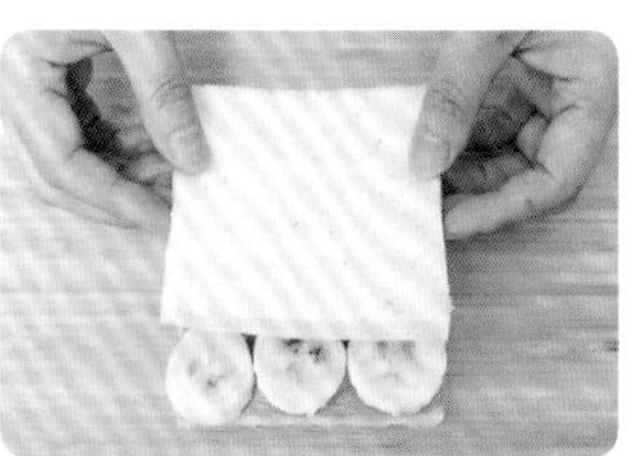

3　再盖上另一片吐司，切成两个三角形。

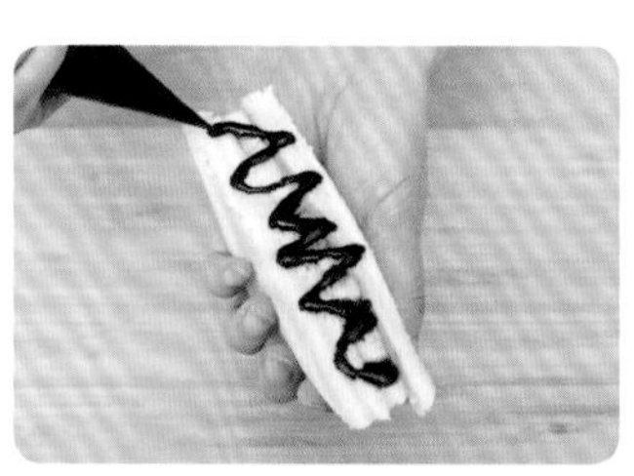

4　挤上一点巧克力酱即可。

烹饪秘籍

如果有三明治机，特别推荐把这个花生酱香蕉三明治放进三明治机烤10秒钟，加热后的花生酱和香蕉香飘十里，口感也更胜一筹。

以颜值出道

串串三明治

⌛20分钟 | 简单

把面包、蔬菜和水果穿在一起，带到大自然中，大家一起排排坐，吃串串，这个春天般的串串还很适合上镜哦。

主料

吐司面包…2片（约100克）
香蕉…100克
圣女果…20枚（约180克）
小黄瓜…100克
菠萝…100克

做法

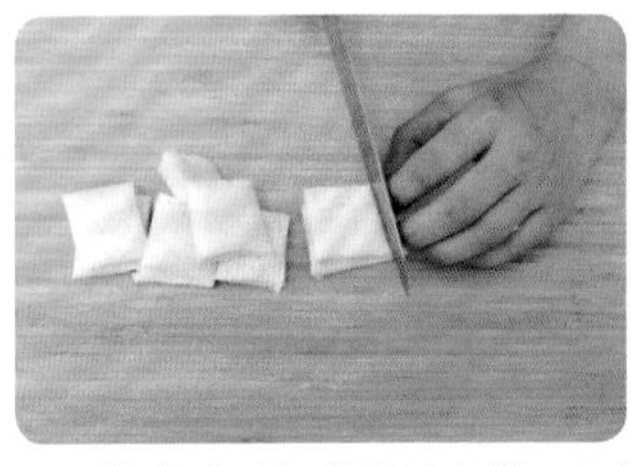

1　把吐司面包的边边切除，再切成小方块状。

2　香蕉去皮，圣女果、小黄瓜洗净后切小圆片，菠萝去皮，切方块状。

3　按照颜色参差的排列手法，把面包和蔬菜水果丁用竹签穿在一起即可。

烹饪秘籍

水果不要选特别软的和多汁的，不容易穿成串。

迷你小可爱

一口寿司

20分钟 | 简单

据说"寿司"是行军打仗的时候用来应急的食物，容易操作又方便携带。现在我们不用那么匆忙紧张，做出这个拇指大的寿司细卷，一口一个，可爱又休闲。

主料

米饭…300克
黄瓜…200克
蟹肉棒…100克
小香肠…100克
寿司海苔…3片（30克）

辅料

沙拉酱…适量

做法

1 黄瓜洗净，切成1厘米宽的细长条，寿司海苔剪成宽约5厘米的条。

2 在寿司海苔上铺一层米饭，放上一条黄瓜，卷成细条状的寿司棒。

3 用同样方法，把蟹肉棒或者香肠首尾相接铺在米饭上，卷成寿司棒。

4 切成2厘米长的寿司小卷，在寿司卷上挤上沙拉酱即可。

烹饪秘籍

如果想做普通的寿司卷，可以用整张海苔，把黄瓜条、香肠和蟹肉棒都放上，再用同样的手法卷起来即可。

吃了咸蛋就能变超人

咸蛋黄肉松饭团

40分钟 | 简单

主料

糯米…200克
肉松…80克
熟咸蛋黄…4个

辅料

榨菜…20克

做法

1 糯米洗净后浸泡一个晚上（8小时以上）。

2 第二天将泡好的糯米摊平，在蒸锅里大火蒸30分钟至熟。

3 糯米饭凉凉，将熟的咸蛋黄和榨菜切碎丁。

4 在保鲜膜上平铺一层糯米饭，把肉松、咸蛋黄、榨菜丁放在糯米饭中间。

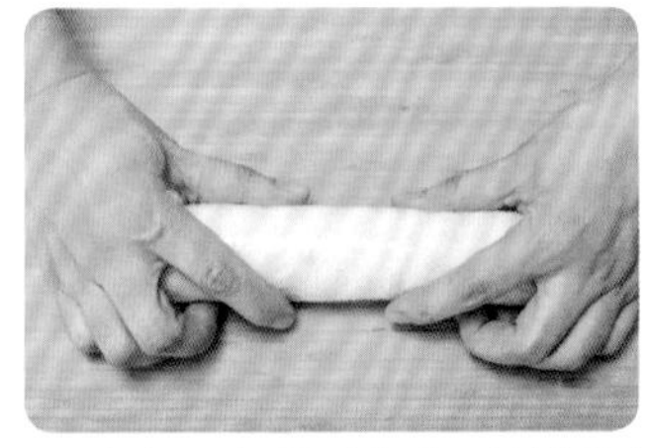

5 把糯米饭卷成长条形的饭团即可。

烹饪秘籍

1 卷的时候需要用力把糯米饭捏紧、捏实，糯米饭不能铺得太厚或太薄。
2 加入榨菜可以增加一种脆脆的口感。

肉松酥、咸蛋黄香、糯米饭颗颗晶莹而且有嚼劲，南方有吃糯米饭团包油条当早餐的习惯，如果喜欢，也可以在饭团里包上油条。

晶莹剔透

糯米珍珠丸子

30分钟 | 简单

主料

猪肉末…300克
糯米…80克
藕…50克

辅料

小葱…10克
生姜…10克
生抽…1茶匙
盐…1/2茶匙
白胡椒粉…1/2茶匙
香油…1/2茶匙
白糖…10克
料酒…1茶匙

做法

1 糯米提前一晚放水里浸泡，需要泡足5小时。

2 藕洗净，去皮，切碎；小葱和生姜切细蓉。

3 将猪肉末和藕、葱姜蓉、生抽、盐、白胡椒粉、香油、白糖、料酒混合，搅拌均匀，往一个方向搅打上劲。

4 取一勺约30克左右的猪肉馅，整理成一个丸子。

5 浸泡好的糯米沥水，把肉丸子放在糯米里滚一圈，使丸子均匀地裹上糯米粒。

6 把糯米丸子放进蒸锅，冷水入锅，大火上汽后蒸约20分钟即可。

烹饪秘籍

肉馅最好提前一晚搅拌均匀，放冰箱冷藏使其更入味。

总觉得丸子特别可爱又喜庆，圆圆的代表一种圆满，这款珍珠丸子白白胖胖又晶莹剔透，咬一口鲜美多汁，又香又糯。而且由于是蒸制，油分少、热量低，多吃几个也没负担。

想不起来吃什么的时候

三丝炒米粉

20分钟 | 简单

主料

细米粉干…60克　鸡蛋…50克
圆白菜…100克　猪里脊肉…30克

辅料

玉米油…1汤匙　生抽…1茶匙
盐…2克　玉米淀粉…1/2茶匙

做法

1　细米粉干放入水中浸泡10分钟至软，捞起沥干水；圆白菜、里脊肉洗净。

2　鸡蛋磕入碗中，打散；平底锅烧热，不放油，将蛋液倒入锅中，煎成薄薄的蛋皮。

3　圆白菜、蛋皮、里脊肉均切细丝，肉丝中加入玉米淀粉抓匀。

4　锅中放油，用中等火力烧至6成热，倒入肉丝，翻炒至发白后盛出备用。

5　在油锅中放入圆白菜，翻炒至圆白菜变软。

6　加入米粉干、肉丝，倒入生抽。

7　一手铲子，一手筷子，用中等火力快速拌炒，把米粉干和配菜拌炒均匀，防止米粉干黏结成团。

8　拌炒约半分钟后，加入盐，撒蛋皮丝，即可出锅，趁热装入餐盒。

烹饪秘籍

这里的配菜可以根据个人喜好换成别的，各类配菜均需切成细丝，方便翻炒且易熟。

大米做的细丝状主食，各地叫法不同，米粉、米面、粉干……不管叫什么，简简单单的食材，方便易得的配菜，就可以炒出令自己和家人都喜欢的味道。

山风海风一起吹

海苔松子拌饭

20分钟 | 简单

海苔是海里的，松仁是山上的，一个鲜，一个香，出乎意料地很搭。这款拌饭可以捏成饭团，也可以用勺子大口大口舀着吃。

主料

米饭…200克
海苔…2片（约20克）
熟松仁…30克
软熟牛油果…1个（约50克）

辅料

橄榄油…1茶匙
淡口酱油…1茶匙
熟白芝麻…5克

做法

1 海苔撕碎，牛油果去皮、核，将果肉切丁。

2 把米饭和所有材料全部混合在一起拌匀。

3 可以做成饭团，也可以直接吃。

烹饪秘籍

1 松仁和芝麻如果只有一样也可以，但是不能都缺。
2 酱油要是蘸刺身用的淡口酱油，取一点咸鲜味。

第二章

肉肉和菜菜的外食灵感

春游野餐，不一定只能带着面包、火腿肠哦，还可以做各种花样美食，荤素搭配。谁说便当和野餐只能将就凑合，有一大批好吃易做又方便的肉肉菜菜供你选择呢！摆在野餐布上，无限吸引众人眼球。

让你抱住不撒手的美味

蒜香排骨

60分钟 | 简单

主料

猪肋排…400克

辅料

大蒜…1头
姜…15克
食用油…300毫升（实耗约20毫升）
料酒…1汤匙
生抽…1汤匙
盐…1/2汤匙
白糖…1茶匙
柠檬…半个
干辣椒…4个
淀粉…15克

做法

1 肋排洗净后，斩成2厘米大小的块，浸泡在水中，去除血水后备用。

2 大蒜去皮、切末，姜洗净后切末，用姜末、料酒、生抽、盐、白糖和一半的蒜末将肋排腌制半小时。

3 将腌制好的肋排去掉调料，放在淀粉中，裹上薄薄一层淀粉。

4 锅烧热，倒入油，烧至七成热后放入肋排，炸至金黄后，捞出沥油。

5 锅留底油，烧热后放入干辣椒和剩下的一半蒜末翻炒。

6 爆出香味后，倒入排骨，翻炒均匀即可，最后挤上柠檬汁食用。

烹饪秘籍

1 宜选用纯瘦肉的肋排，如有肥肉，炸制后会过于油腻。
2 最后挤柠檬汁，更能激发肋排的鲜香味。

这道金黄喷香的蒜香排骨，最适合周末看剧或者与朋友野餐时吃，一口咬下去，排骨的肉香和蒜香交织融合，让人欲罢不能。更吸引人的是，它还能让从来不吃蒜的人也抱着不肯撒手。

大口吃肉

烤肋排

60分钟 | 简单

主料

猪肋排…500克

辅料

蒜…四五瓣
姜…1小块
叉烧酱…3汤匙
料酒…1汤匙
生抽…1汤匙
盐…1茶匙
熟白芝麻…少许

做法

1 肋排洗净后切成3厘米长的段，蒜去皮后切碎末，姜切薄片。

2 把肋排和蒜末、姜片和其他所有调料（白芝麻除外）混合，搅拌均匀。

3 包上保鲜膜腌制4小时以上。

4 烤箱200℃预热10分钟，将腌制好的肋排分别包上锡纸。

5 上下火烤制40分钟至肋排变色、冒出肉汁后，剥开锡纸，撒上少许白芝麻。

6 把肋排放回烤箱，不包锡纸，敞开烤10分钟至表面微焦即可。

烹饪秘籍

1 第一次包锡纸烤，可以锁住排骨的水分，使烤肋排更多汁。
2 第二次敞开烤，是为了烤干排骨表面，使味道更香。
3 肋排腌制时间可以更长，前一晚搅拌均匀后放入冰箱过夜，第二天烘烤。

这是一道很“硬”的大菜，鲜香入味，外焦里嫩，有一种“大口吃肉、大碗喝酒”的豪爽江湖气，做起来也十分简单，可以跟烧烤店说再见了。

香酥迷人

小酥肉

50分钟 | 简单

主料

猪里脊肉…300克
鸡蛋…2个（约100克）
红薯淀粉…80克

辅料

料酒…1茶匙
盐…1/2茶匙
花椒粉…1/2茶匙
玉米油…300毫升（实耗50毫升左右）

做法

1 猪里脊肉洗净后切成3厘米长、3毫米厚的长薄片。

2 切好的肉片放入盆中，倒入料酒和一半的盐、花椒粉，搅拌均匀，腌制半小时左右。

3 鸡蛋打散，倒入红薯淀粉和另外一半的盐、花椒粉，搅拌成均匀、浓稠的面糊。

4 把腌制好的肉片倒入面糊，使每片肉都挂上粉浆。

5 起油锅，烧至六成热，用筷子将肉片一片片放入油锅中炸。

6 保持中火，炸至一面变黄后，翻面继续炸，两面都炸至焦黄后捞出。

7 等所有酥肉都炸完一次后，再把酥肉下锅复炸一遍，捞起沥干油分。

烹饪秘籍

1 如果没有红薯淀粉，用玉米淀粉代替也可以，但吃起来口感不如红薯淀粉。

2 炸酥肉的时候要一片片放入锅中，不能全部倒入，否则会变成“一坨”面团。

炸酥肉是很多人喜欢的一道菜，很多地方甚至还是宴席上的大菜，其外酥里嫩，香而不腻，让你一口一块停不下来。建议一次多做一些，不然大家抢着吃，打起来怎么办？

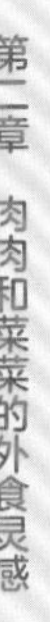

软嫩多汁

午餐肉厚蛋烧

20分钟 | 简单

主料

鸡蛋…3个（约150克）
胡萝卜…80克
午餐肉…50克

辅料

牛奶…1汤匙
盐…1/2茶匙
玉米油…1/2茶匙

做法

1 鸡蛋加牛奶、盐打散，胡萝卜洗净后切碎粒，将切好的胡萝卜碎粒倒入鸡蛋液中，搅拌均匀。

2 午餐肉切成1厘米厚、1厘米宽的长条形，不放油，放入平底锅中小火煎至两面焦黄。

3 平底锅烧热，放入油，用刷子或厨房纸巾抹平锅底，使锅底都沾上薄薄一层油。

4 舀一大勺蛋液，倒入平底锅，中小火煎至蛋液即将凝固时，放入一条午餐肉。

5 将凝结的蛋皮卷起午餐肉，卷好后推至锅边。

6 再下一勺蛋液，放一条午餐肉，在蛋液即将凝固时卷起，推至锅边。

7 直至蛋液煎完，成为一个厚厚的蛋卷。

8 切成2厘米左右宽的段，即成午餐肉厚蛋烧，装入餐盒。

烹饪秘籍

1 午餐肉煎成焦黄后，味道更香，也可以不煎。
2 蛋液里可以加入1/2茶匙糖代替盐，就得到甜口的厚蛋烧。
3 用专门的厚蛋烧方形锅，更容易做出好看的厚蛋烧。

厚蛋烧是一道日式小吃，加入牛奶后煎制的蛋卷柔软多汁，这里在蛋液中加入胡萝卜碎，使厚蛋烧营养更均衡，再包裹一层午餐肉，口感更丰富。

把喜欢的统统卷起来

香肠肉松鸡蛋卷

30分钟 | 简单

主料

鸡蛋…2个　小黄瓜…60克
火腿肠…80克　面粉…30克
肉松…30克

辅料

小葱…2根
食用油…1茶匙
盐…1/2茶匙

做法

1　鸡蛋磕入碗中、打散，小葱切碎，倒入蛋液中混合，搅拌均匀。

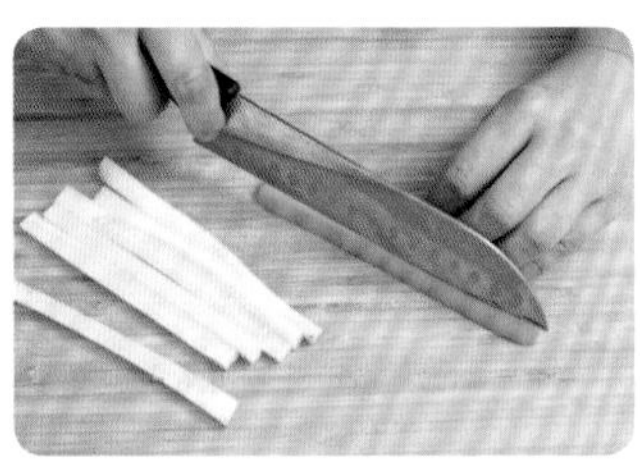

2　小黄瓜洗净，和火腿肠一起切成1厘米左右见方的细长条。

3　面粉加50毫升左右的水，调成面糊，把面糊和蛋液混合，加入盐，搅拌均匀。

4　平底锅烧热，刷薄薄一层油，舀入一勺面糊，晃动锅身，使面糊铺满锅底。

5　中小火煎至面糊凝固后，翻面继续煎，至两面焦黄后，饼皮即成。

6　继续把面糊全部煎成蛋饼，在蛋饼上放黄瓜、火腿肠、肉松，卷成筒状后，用刀切成段即可。

烹饪秘籍

1　煎蛋饼时油不用多，薄薄刷一层即可，全程用中小火，以免煎煳。
2　面糊以均匀稀薄为好，不能有面粉颗粒。

有肉、有蛋，红红绿绿，肉松酥，黄瓜脆，蛋饼香……滋味很丰富，适合早餐、点心、下午茶、夜宵——就没有不适合的！

当黑胡椒遇到脆皮肠

黑胡椒脆皮烤肠

15分钟 | 简单

主料

脆皮肠…250克
西蓝花…200克

辅料

玉米油…1/2汤匙
盐…1/2茶匙
黑胡椒粉…1/2茶匙

做法

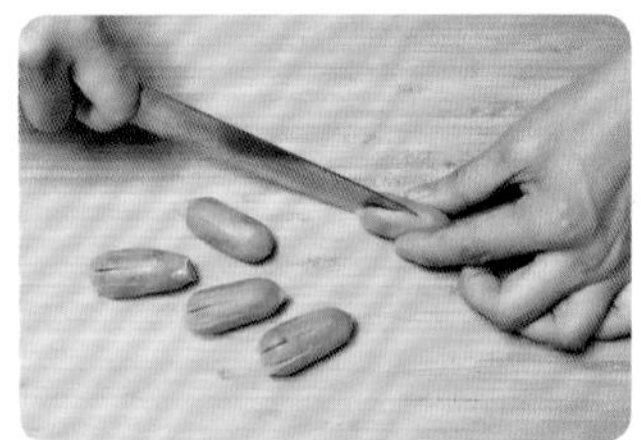

1 在脆皮肠的一端切“米”字刀，不要切到底，留1.5厘米左右。

2 西蓝花掰成小朵；在水中放入盐，将水煮沸，焯熟西蓝花后捞起，过凉水以保持翠绿色。

3 在脆皮肠上刷薄薄一层玉米油，撒上黑胡椒粉。

4 烤箱预热180℃，把脆皮肠放进中层，上下火烤制10分钟，脆皮肠遇热会收缩，即成“章鱼”形状。

5 把烤好的脆皮肠和西蓝花拌匀即可。

烹饪秘籍

1 焯熟西蓝花大约需要2分钟，视西蓝花朵大小不定，不要煮过头，以免影响口感和色泽。
2 如没有烤箱，可以把切成章鱼形状的脆皮肠放入油锅中煎。

烤制的手法相比煎炸，油分少了许多，更健康。大口吃脆皮肠的同时，翠绿的西蓝花也成功引起了注意，不知不觉就摄入了好多的维生素！

新手零失败

培根芦笋卷

10分钟 | 简单

主料

培根…4条（约80克）
芦笋…150克

辅料

玉米油…1/2茶匙

做法

1 把长条形的培根切成等长的三段；芦笋洗净，切去老根后，切成比培根稍长的段。

2 锅中水烧开，放芦笋段入锅，焯半分钟左右捞出，用冷水冲凉备用。

3 用培根包裹住两三根芦笋，用牙签固定。

4 平底锅烧热，倒入玉米油，用刷子或厨房纸巾把油均匀抹平整个锅底。

5 放入培根芦笋卷，中小火煎至培根焦黄即可。

烹饪秘籍

1 培根已经有盐分，这道菜无须再加盐。
2 煎的时候培根会出油，只需锅底抹一点点油即可。

做法简单、配料简单、造型简单，新手操作完全没难度，味道和颜值却不简单，很适合宴客或野餐时与大家一起分享。

无鸡不成宴

白切鸡

40分钟 | 中等

主料

三黄鸡…1只（约600克）

辅料

黄酒…1汤匙　盐…1/2茶匙
姜…1小块　生抽…1/2汤匙
香葱…3根　小米椒…适量

做法

1　三黄鸡处理干净，放入锅中，倒水淹没过鸡身。

2　香葱、姜洗净，姜切片，香葱整根挽成葱结，放入锅中，倒入黄酒。

3　大火煮鸡，水开后煮8分钟。

4　关火后，继续闷8~10分钟至鸡肉熟，鸡骨头微微有血色。

5　拎起鸡，用凉水或冰水冲至鸡身冷却。

6　小米椒洗净、切碎，和生抽、盐调成蘸料碟。

7　白切鸡斩件或手撕，放凉后放入餐盒，蘸料单独放入小餐盒。

烹饪秘籍

1　白切鸡宜选用三黄鸡或清远鸡，或者是童子鸡，不可以用老母鸡制作。
2　热白切鸡浇冷水，可以让鸡皮收缩，变得更有弹性。
3　蘸食的料碟可以根据自己的喜好调制。

白切鸡又叫白斩鸡，肉质滑而嫩，鲜而香，保留了鸡肉的原味，清淡鲜美，而且放凉了冷吃味道更好，可以整只手撕来吃，大快朵颐，岂不快哉！

人见人爱

烤鸡翅

50分钟 | 简单

主料

鸡翅中…10个

辅料

柠檬…1个
料酒…1汤匙
生抽…1汤匙
蚝油…1/2汤匙
蜂蜜…1汤匙
盐…1/2茶匙
黑胡椒粉…1/2茶匙

做法

1 鸡翅中洗净后，在两面各切两刀；柠檬切薄片。

2 把除蜂蜜外的所有调料混合，在鸡翅中表面刷上一层厚厚的调料，腌制4小时以上。

3 烤箱200℃预热10分钟，烤盘上铺锡纸，将腌制好的鸡翅中排在锡纸上，放上柠檬片，上下火烤20分钟。

4 将鸡翅中取出，在表面刷一层蜂蜜，继续上下火烤8分钟。

5 再次取出，在另一面刷一层蜂蜜，再烤8分钟即可。

烹饪秘籍

1 腌制鸡翅的时间不可太短，最好过夜，如气温较高，需要放到冰箱冷藏腌制。
2 烤鸡翅的时候容易出油，粘住烤盘，一定要在烤盘上垫上锡纸，不然清洗很费力。
3 刷蜂蜜后鸡翅容易烤焦，最后几分钟要注意观察火候。

烤鸡翅有多好吃？这么说吧，应该很少有不爱吃烤鸡翅的人吧！约上三五好友，吃着烤翅，聊着天，小日子，就是这么惬意。

嘎嘣脆

香烤鸡软骨

60分钟 | 简单

主料

鸡软骨…200克　青椒…50克
洋葱…50克　红椒…50克

辅料

盐…1/2茶匙　老抽…1/2汤匙
料酒…1汤匙　番茄酱…1/2汤匙

做法

1　鸡软骨洗净后放入碗中，倒入盐、料酒、老抽，腌制半小时。

2　洋葱、青椒、红椒分别洗净后，切成2厘米大小的块。

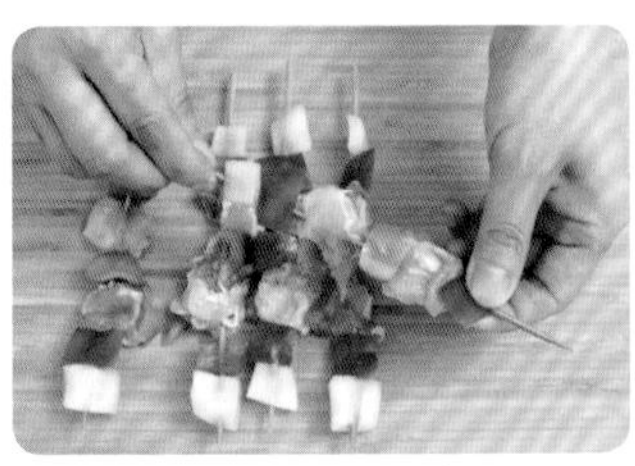

3　用竹签将鸡软骨和洋葱、青红椒穿成串，注意把鸡软骨和其他配料间隔开来。

4　烤箱预热200℃，烤盘中垫锡纸，放入鸡软骨串，入烤箱中层，上下火烤制10分钟。

5　10分钟后拿出来，刷一层腌制的酱料，继续烤10分钟。

6　出炉后蘸番茄酱即可。

烹饪秘籍

这道菜中的蔬菜可以替换成其他颜色鲜艳、口感脆嫩的品种。

鸡软骨又称“掌中宝”，是鸡爪中间的脆骨，色泽浅黄，质地爽脆。这种烤制手法相对于炸鸡软骨，油更少，味道可没有一点逊色哦。

流行全国各地的热门小吃

炸鸡柳

45分钟 | 简单

主料

鸡胸肉…200克
鸡蛋…2个（约100克）

辅料

玉米油…300毫升（实耗约20毫升）
淀粉…10克
盐…1/2茶匙
面包糠…50克左右
番茄酱…适量

做法

1 鸡胸肉洗净后，用刀背拍松，切成约8厘米长的细条状。

2 鸡蛋分离蛋清、蛋黄，用蛋清、淀粉、盐腌制鸡胸肉半小时。

3 蛋黄打散，把腌制好的鸡柳放入蛋黄液中滚一遍，拿出后裹满面包糠。

4 锅烧热，倒入油，油锅烧至六七成热后，将鸡柳放入锅中，炸至金黄色。

5 出锅后沥油，蘸番茄酱即可。

烹饪秘籍

1 要保证每一根鸡柳都和面包糠“充分接触”，才能有金黄酥脆的外表。
2 将鸡胸肉拍松，便于腌制和炸制入味。

不管是在南方还是北方，街边有一种神奇的小吃叫炸鸡柳，每次路过都会被香味吸引住，忍不住买一份，边走边吃。其实在家也可以自己做，更健康卫生。

绿蚁新醅酒，下酒牙签肉

孜然牙签肉

40分钟 | 简单

主料

羊肉…300克
洋葱…60克

辅料

姜…1块
玉米油…200毫升（实耗约30毫升）
料酒…1/2汤匙
孜然…1茶匙
盐…1/2茶匙
辣椒粉…1/2茶匙
熟白芝麻…10克

做法

1　羊肉洗净后，切成小块；洋葱、姜切丝。

2　用洋葱丝、姜丝、料酒腌制羊肉半小时以上。

3　去掉腌料，把羊肉用牙签穿好，用厨房纸巾吸干羊肉表面的水分。

4　起锅烧油至七成热，把牙签羊肉放入锅中，炸至羊肉变色后捞出沥油。

5　锅内留底油，下羊肉，大火煸炒至羊肉变焦黄。

6　放入盐、孜然、辣椒粉，翻炒均匀，撒上熟白芝麻即可起锅。

烹饪秘籍

1　这道菜也可以选用猪肉和牛肉来制作，但羊肉更易熟且软嫩，宜选用羊腿肉来制作。
2　羊肉需要切成大小一致的小块，便于腌制入味及炸制成熟度一致。

羊肉鲜嫩，孜然香浓，看起来配料多，制作起来却很快手。很适合作为三五好友一起聚会时的下酒小菜，喝小酒、吃牙签肉，快哉!

麻麻辣辣好过瘾

麻辣牛肉干

50分钟 | 简单

主料

牛肉…500克

辅料

辣椒粉…15克
花椒粉…10克
香辣酱…2汤匙
食用油…600毫升（实耗约40毫升）
熟白芝麻…20克
白糖…1汤匙
盐…1/2茶匙

做法

1 将牛肉浸泡在水中去除血水后，切成1厘米厚、3厘米长的牛肉条，沥干或用厨房纸巾吸去水分。

2 锅烧热，倒油，烧至七成热后放入牛肉条，改小火慢慢炸，炸至水分变干，捞起牛肉条，沥油。

3 倒出多余的油，留约1汤匙左右，放入香辣酱、白糖、盐，翻炒至香味出来后，倒入炸好的牛肉条翻炒。

4 倒入辣椒粉、花椒粉，翻炒至牛肉条均匀地裹上调料。

5 最后撒入熟白芝麻即可起锅。

烹饪秘籍

1 做这款牛肉干宜选用牛后腿肉，切牛肉条要大小均匀。
2 炸牛肉干要用小火慢炸，才能炸出肉里的水分，至肉体积收缩，油从混浊变清澈，表明牛肉水分被炸出。
3 调味可以根据自己的喜好进行调整。

麻辣牛肉干是很受欢迎的零嘴，外面做的总是辣椒多牛肉少，自己做的牛肉干，料足味道爽，吃得过瘾，带着作为郊游的“干粮”，既解馋又能补充能量。

水果“开会”

水果总汇沙拉

⏳10分钟 | 简单

可以用一切你喜欢的水果，切切切，拌拌拌，以颜色丰富好看、品种多样为标准，因为味道是绝对不用担心的。

主料

苹果、香蕉、橙子…各1个
猕猴桃…2个
白火龙果…半个（约100克）
圣女果…10枚（约60克）

辅料

葡萄干、蔓越莓干…各15克
原味酸奶…150克

做法

1　将苹果、香蕉、橙子、猕猴桃、白火龙果分别去皮。

2　将上述水果及圣女果分别切成1厘米见方的小块状。

3　放在大碗中，加入葡萄干、蔓越莓干。

4　吃之前淋入酸奶即可。

烹饪秘籍

1　可根据时令加入当季鲜果，如草莓、芒果等，但不适合加入水分过多的水果，如西瓜。
2　用酸奶代替沙拉酱，可减少热量摄入。

越吃越瘦

笔筒沙拉

15分钟 | 简单

肚子饿的时候，你是放纵自己吃巧克力饼干，还是选择吃这种笔筒沙拉呢？这是一个苗条型蔬菜的聚会，很适合在与朋友野餐时，边聊边吃，吃再多也不怕胖。

主料

黄瓜…200克
青椒…100克
红椒…100克
胡萝卜…100克
山药…80克
芦笋…100克

辅料

番茄酱或沙拉酱…适量

做法

1 黄瓜去掉中间有子的部分，取边上爽脆部分；胡萝卜去皮，青红椒去子、去蒂，均切成1厘米宽的细长条。

2 山药去皮，洗净后，切成1厘米宽的细长条，放入沸水中焯熟后捞出沥水。

3 芦笋去掉老根，放入沸水中焯熟，迅速过冷水后沥水。

4 将所有细长条状蔬菜装入长方形餐盒，番茄酱或沙拉酱单独装小餐盒。

烹饪秘籍

1 山药有面山药和脆山药之分，这里宜选用脆的山药。
2 如不能接受生吃青红椒，也可以在沸水中焯半分钟左右，去掉生涩味。

一个有魔法的罐子

罐子沙拉

20分钟 | 简单

主料

燕麦片…30克
原味酸奶…150克
黄瓜…30克
橙子…50克
香蕉…80克
紫薯…50克

辅料

扁桃仁…15克
开心果仁…15克

做法

1　紫薯去皮，切成1厘米见方的小丁，放入蒸锅中蒸熟，凉凉备用。

2　平底锅烧热，不放油，倒入燕麦片，小火炒香燕麦片，至表面呈焦黄即可，盛出凉凉。

3　黄瓜、橙子、香蕉去皮，切均匀的小块。

4　凉凉后的燕麦片放入罐子，作为罐子沙拉的“基底”，在麦片上浇一层酸奶。

5　然后在上面依次铺上黄瓜、香蕉、紫薯丁，再浇一层酸奶。

6　放上扁桃仁、开心果仁、橙子，最后在橙子上浇最后一层酸奶即可。

烹饪秘籍

1　罐子沙拉的亮点在于颜色和层次丰富，因此选用食材时，宜选择色彩鲜艳、区分度高的。
2　麦片如果不炒熟，需要在酸奶中浸泡更长的时间。
3　酸奶不要加得太多，如太多会模糊罐子里的层次，变成普通的水果沙拉了。

顾名思义，这道沙拉就是装在罐子里的沙拉，最早起源于纽约，只需要一个密封罐子，就可以DIY出层层叠叠的沙拉，非常容易制作和携带，味道好，颜值也出彩。

诗情画意

春雨沙拉

⌛20分钟 | 简单

主料

粉丝…50克
鸡蛋…1个
干木耳…5克
黄瓜…100克
熟火腿…30克

辅料

油醋汁…1汤匙
盐…1/2茶匙
玉米油…1汤匙

做法

1　粉丝、干木耳放温水中泡发，鸡蛋磕入碗中，打散。

2　平底锅烧热，放入油烧至五成热，倒入蛋液后，摇晃锅身，中小火煎成一张薄薄的蛋皮。

3　泡发后的木耳、黄瓜、熟火腿、蛋皮均切成细丝。

4　锅中水烧开，放入粉丝、木耳焯烫半分钟左右至熟，捞起沥水，凉凉。

5　将所有食材和调料放入大碗中，搅拌均匀即可。

烹饪秘籍

1　粉丝在泡发后剪成小段，更方便夹取。
2　煮好的粉丝可以过一遍冷水，更晶莹剔透。

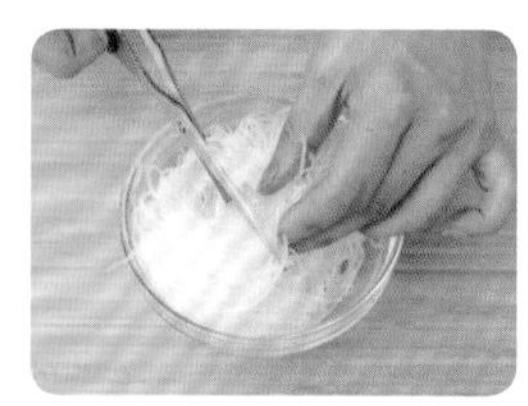

你知道粉丝还有个诗意的别名叫“春雨”吗？这道凉拌菜有菜、有肉、有蛋，不管是粉丝还是“春雨”，反正很好吃就是了。

简单就是美

鸡蛋牛油果沙拉

20分钟 | 简单

牛油果含多种维生素、丰富的不饱和脂肪酸和蛋白质，有“森林奶油”的美誉。吃饱、吃好，这一盘沙拉就做到了。

主料

鸡蛋…2个
牛油果…100克
生菜…60克
樱桃萝卜…20克

辅料

熟原味核桃仁…20克
焙煎芝麻沙拉汁…1汤匙

做法

1　鸡蛋煮熟，凉凉后剥壳，切成小块。

2　牛油果去皮、去核，切成小块。

3　生菜洗净，撕成片状；樱桃萝卜洗净，切小圆薄片。

4　将所有食材放入大碗中，浇上焙煎芝麻沙拉汁，拌匀即可。

烹饪秘籍

1　鸡蛋不要煮得过熟，以蛋黄刚凝固为好，时间是在水烧开后煮8分钟左右。
2　沙拉汁也可以选用油醋汁口味的。

吃得好饱，好满足

土豆泥沙拉

30分钟 | 简单

土豆是低脂又容易饱腹的主食，是营养成分非常全面的“十全十美食物”，含有丰富的维生素C和B族维生素。这道土豆泥沙拉既方便易做，又营养美味。

主料

土豆…180克
速冻蔬菜丁
（胡萝卜、豌豆、玉米粒）…50克

辅料

盐…1/2茶匙
黑胡椒粉…1/2茶匙
蛋黄酱…1汤匙

烹饪秘籍

1 土豆也可以整个放水里煮熟，但需要的时间更长。
2 保留一些土豆丁，口感更丰富。

做法

1 土豆洗净、去皮，切成丁，放入盘子，盖上保鲜膜，入蒸锅大火蒸20分钟左右至土豆丁软熟。

2 速冻蔬菜丁放入沸水中焯半分钟左右，捞起沥干水。

3 将3/4的土豆丁碾成土豆泥，保留约1/4的土豆丁。

4 待土豆泥和蔬菜丁都凉凉后，把土豆泥、土豆丁、蔬菜丁倒入大碗中，撒入盐、黑胡椒粉，最后挤入蛋黄酱，搅拌均匀即可。

比肉更好吃

萝卜炸丸子

30分钟 | 简单

主料

白萝卜…200克
土豆…100克
鸡蛋…50克
面粉…100克

辅料

玉米油…300毫升（实耗约30毫升）
姜…1小块
盐…1茶匙

做法

1　白萝卜、土豆洗净后去皮，用擦丝器擦成均匀的细丝，再剁碎一些，以又短又细为准。

2　姜切丝后剁成细蓉。

3　将白萝卜丝、土豆丝、姜蓉和面粉混合，打入鸡蛋，加入盐，搅拌成均匀的面糊。

4　大火烧热锅，倒入油，烧至五成热，用小勺挖取一勺浓稠的面糊，整理成大小均匀的丸子。

5　将一个个萝卜丸子放入油锅中，中小火炸至焦黄。

6　全部炸完后捞出，再将油锅烧至七成热，放入丸子复炸一遍，捞出沥油即可。

烹饪秘籍

1　第一遍炸丸子要中小火慢炸，便于将丸子炸熟、炸透，第二次高温快炸，把表面炸得更酥脆。

2　面粉的用量要根据实际情况把握，以面糊浓稠、能整理成圆形丸子为准。

香酥可口的萝卜素丸子，可能是那种男女老少通吃、南方北方都喜欢的素食美味，既可以当主食，也可以做配菜。简简单单的素丸子，怎么就比肉还好吃呢？真是一个千古谜题！

韩风来袭

韩式拌杂菜

30分钟 | 简单

主料

粉条…50克
猪里脊肉…50克
菠菜…60克
胡萝卜…50克
豆芽…50克
干木耳…5克
干香菇…3朵

辅料

玉米油…2汤匙
盐…1/2茶匙
香油…1/2茶匙
淀粉…1/2茶匙
熟白芝麻…1茶匙

做法

1 里脊肉切细丝，放入淀粉抓匀，腌制10分钟。

2 粉条、干木耳、干香菇分别泡发后，将粉条、菠菜切成短段，木耳、香菇切细丝，胡萝卜去皮后切细丝。

3 锅烧热，放入1汤匙玉米油，倒入腌制好的里脊肉丝滑散，翻炒肉丝1分钟左右至熟，盛出备用。

4 锅中烧沸水，放入粉条，视粉条粗细，焯至近乎透明时捞起，放入凉开水中备用。

5 在沸水锅中依次放入豆芽、菠菜、木耳丝，分别焯熟后捞起备用。

6 锅中放1汤匙玉米油，放入胡萝卜丝，中小火炒熟后盛出备用。

7 再放入香菇，炒熟后盛出备用。

8 所有食材均凉凉后倒入一个大碗中，加入盐、香油、熟白芝麻，搅拌均匀即可。

烹饪秘籍

1 这个菜的精髓在于“拌”，而不是炒，要分别把食材处理好，再组合在一起搅拌。
2 胡萝卜和香菇也可以分别在水中焯熟，但不如放少许油炒熟后味道好。
3 所有焯熟后的蔬菜都需要沥干水，否则拌菜会出汤，影响口感。

在韩剧中经常会看到这道五彩缤纷的小菜，它不仅味道鲜美，营养丰富，做法也十分简单。用力拌，大口吃，建议放种类多多的蔬菜。

清脆爽口

蘸酱菜

20分钟 | 简单

主料

黄瓜…200克
水萝卜…50克
青椒…100克
豆腐皮…4张
鸡蛋…2个

辅料

食用油…1汤匙
黄豆酱…2汤匙
白糖…1茶匙

做法

1 黄瓜、青椒洗净、沥干，切成细长条形；水萝卜洗净，切小薄片。

2 鸡蛋打散，黄豆酱放入等量的温水中化开。

3 锅烧热，放油，倒入蛋液，中小火煎至蛋液半凝固时，迅速用铲子把鸡蛋铲碎。

4 倒入黄豆酱汤和白糖，小火熬煮至鸡蛋酱均匀浓郁，盛出。

5 用豆腐皮卷起黄瓜、青椒条、水萝卜片，蘸鸡蛋酱即可。

烹饪秘籍

熬煮鸡蛋酱时加入白糖，可以提鲜。

蘸酱菜像是素食版的“烤鸭”，既有自己动手的乐趣，更是清爽不腻。只要是可以生吃的蔬菜都可以蘸酱吃，那叫一个爽口。

微微辣，好分享

素卤味

60分钟 | 简单

鲜香的卤味越吃越爽，让人停不下来，适合聊天、佐剧、下酒，是在家躺沙发上追剧的好“伴侣”，也可以做好了带出去和朋友分享。

主料

藕…150克
毛豆…200克
带壳花生…200克

辅料

姜…1小块
八角…2枚
香叶…两三片
桂皮…2枚
干辣椒…4个
花椒…十几颗
老抽…1汤匙
冰糖…30克
盐…1茶匙

做法

1 藕去皮、切成薄片，毛豆和带壳花生洗净，姜切片。

2 将所有食材和调料放入锅中，加水至淹没食材，大火烧开后，转小火煮30分钟。

3 关火后继续闷30分钟即可出锅，凉凉后装入餐盒。

烹饪秘籍

1 可以把八角、桂皮、香叶放入网袋中。
2 这个配方还可以用来卤腐竹、豆干等素食。

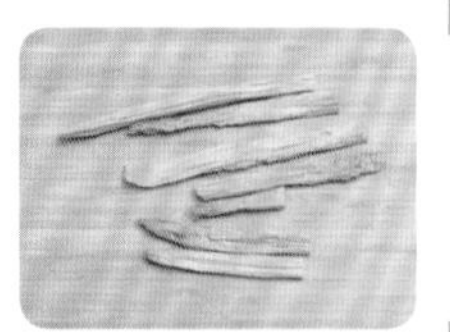

第二章

荤素搭配的完美大餐

无论是午餐的便当，还是郊游的野餐，营养都不可忽视，怎样在有限的时间里方便快捷地做出丰盛大餐？这里有很多种搭配灵感哦。

肥而不腻

粉蒸排骨+凉拌甜豆

70分钟 | 简单

主料

猪肋排…200克
土豆…100克
甜豆…100克
鲜百合…20克

辅料

蒸肉粉（含调料汁）…100克
料酒…60毫升
生抽…1汤匙

做法

粉蒸排骨

1 肋排洗净，斩成小块；土豆去皮、洗净，切厚片；鲜百合洗净，剥成片。

2 在肋排中倒入料酒、生抽，腌制10分钟。

3 将肋排和土豆裹上一层蒸肉粉及调料汁，搅拌均匀。

4 将土豆铺在盘底，上面盖上肋排，放入蒸锅大火蒸1小时左右。

凉拌甜豆

5 另起一锅，烧沸水，将甜豆和百合片焯熟，起锅沥干。

6 将粉蒸排骨和百合甜豆分别装入餐盒即可。

烹饪秘籍

市售的蒸肉粉一般已经含调味料，如喜欢口味重的，可以再拌入少许辣椒粉。

粉蒸肉的味道，一吃就让人再也忘不了，肥而不腻、酥软入味！在这里提示一下，做粉蒸排骨的土豆一定要切厚一点，因为蒸的时间比较长，如果土豆太薄太小，一会儿你就再也找不到它了。

“蒸”得很嫩

豉汁蒸排骨+南瓜饭

30分钟 | 简单

主料

猪肋排…200克
生花生米…30克
南瓜…50克
大米…60克

辅料

食用油…1汤匙
豆豉…1汤匙
姜…10克
蒜…10克
料酒…1汤匙
白糖…1茶匙
生抽…1茶匙
蚝油…1茶匙
淀粉…1茶匙

做法

豉汁蒸排骨

1 肋排斩小块，先用流动的水冲洗，再在清水中浸泡20分钟，彻底去除血水。

2 将豆豉、姜、蒜分别切末，和料酒、白糖、生抽、蚝油混合成调料汁，将肋排腌制10分钟。

3 在肋排中倒入油，撒入淀粉，搅拌均匀，放上生花生米。

4 放入蒸锅，上汽后大火蒸制15分钟，至排骨熟透即可。

南瓜饭

5 南瓜去皮、去瓤，切成2厘米大小的方块。

6 南瓜和淘洗好的大米一起放入电饭煲，加水至高出大米1厘米，煮约15分钟至熟。

7 肋排蒸至软烂后起锅，和南瓜饭分别放入餐盒即可。

烹饪秘籍

南瓜水分很多，焖南瓜饭时，水量要比普通的大米饭少一些。

豆豉是一种神奇的调料，与什么食材都百搭，而且豆豉可以蒸一切，但它与排骨是最好的搭档。排骨饱满多汁，花生也十分香糯。

一次多做一点

狮子头+香菇青菜

40分钟 | 简单

主料

肉末…200克
鸡蛋…1个（约50克）
小油菜…100克
干香菇…15克
米饭…1碗（约150克）

辅料

食用油…300毫升（实耗约30毫升）
姜…10克
葱…10克
料酒…2汤匙
生抽…20毫升
老抽…1茶匙
盐…1茶匙
白糖…1茶匙
淀粉…5克

做法

狮子头

1 葱姜洗净后切末，干香菇泡发后沥水，小油菜洗净、切好。

2 将鸡蛋磕入肉末中，加入葱姜末、1汤匙料酒、老抽、白糖、淀粉、5毫升生抽和1/2茶匙盐，搅拌均匀，揉成一个个大小均匀的肉丸（狮子头）。

3 锅烧热，倒入油，待油温烧至八成热，下狮子头炸。

4 狮子头一面微焦黄后，在油锅中轻轻翻动至另一面继续炸。

5 炸至整个狮子头都焦黄时，起锅沥油。

6 锅中留少许底油，放入炸好的狮子头，加1汤匙料酒、15毫升生抽和200毫升热水，盖上锅盖，焖煮至汤汁收干。

香菇青菜

7 另起一锅烧热，加1汤匙炸狮子头的油，下香菇翻炒。

8 再下小油菜，炒断生，加剩余盐调味后起锅，将红烧狮子头和香菇青菜一起盖在米饭上，放入餐盒。

烹饪秘籍

1 如果时间允许，可以自己买肉剁成肉馅，肉要选择有一点点肥的，全瘦的会有点干。
2 炸过狮子头的油不要浪费，用来炒素菜和拌菜馅特别增香添彩。

狮子头其实就是大肉丸，但就是受人欢迎，肉末里面混有一些醇香的肥肉，经过炸制，外焦里嫩，再裹上汤汁，增添了无限风味。

鸡翅的变身

香菇鸡翅+玉米豌豆饭

30分钟 | 简单

主料

鸡翅中…300克
干香菇…15克
大米…60克
甜玉米粒…30克
豌豆…20克

辅料

葱…10克
姜…20克
食用油…1汤匙
料酒…2汤匙
生抽…1汤匙
老抽…1/2汤匙
冰糖…10克
蚝油…1汤匙
盐…1/2茶匙

做法

香菇鸡翅

1 鸡翅中洗净，斩成小块；葱切段；姜切薄片；干香菇泡发；大米、豌豆洗净。

2 鸡翅用1汤匙料酒和一半的姜片腌制10分钟后，去掉腌料。

3 锅烧热后加油，烧至七成热后，下姜片爆出香味，放入鸡翅，大火煎炒。

4 在锅中烹入1汤匙料酒和生抽、老抽，煎炒至鸡翅皮收缩，放入香菇翻炒。

5 下冰糖、蚝油，倒水没过鸡翅，大火炖煮。

玉米豌豆饭

6 炖鸡翅时开始焖玉米饭：大米和甜玉米粒一起放入电饭煲，加水至高出大米1.5厘米，煮约15分钟至熟。

7 鸡翅炖至汤汁变浓稠后，加入盐，撒入葱段，收汁起锅。

8 煮饭程序完成后，放入豌豆，闷3分钟左右，将香菇鸡翅和玉米豌豆饭分别放入餐盒即可。

烹饪秘籍

1 平常买的鸡翅中一般是冰鲜或者冷冻的，会有腥味，烹制前需要用料酒和姜片去腥。
2 豌豆要最后几分钟放入，以保持青翠。

鸡翅是一种“新手友好”食材，一般怎么做都会好吃，平常在家里囤些冷冻的鸡翅中和香菇干，不用买菜，就能方便地做出这道美味的香菇鸡翅。

照烧到底怎么烧?

照烧鸡腿饭+秋葵蛋卷

40分钟 | 简单

主料

去骨鸡腿肉…200克
鸡蛋…2个
秋葵…50克
米饭…1碗（约150克）

辅料

姜…10克
食用油…20毫升
料酒…4汤匙
生抽…2汤匙
老抽…1汤匙
蜂蜜…1汤匙
盐…1/2茶匙
熟白芝麻…适量

做法

照烧鸡腿饭

1 姜切末；去骨鸡腿肉用姜末和1汤匙料酒腌制10分钟；鸡蛋磕入碗中打散，加盐搅匀；秋葵洗净后切去头尾。

2 把生抽、老抽、蜂蜜和3汤匙料酒混合，加入三四汤匙清水，搅匀成照烧汁。

3 锅烧热后加15毫升油，烧至七成热后，放入鸡腿肉，鸡皮一面朝下，中火煎。

4 煎至鸡腿皮微焦黄，翻面，煎至鸡腿肉收缩。

5 倒入照烧汁，中小火炖煮，煮的过程中把照烧汁往鸡腿肉上浇，煮至汤汁浓稠后，盛出照烧鸡腿备用。

秋葵蛋卷

6 锅中烧沸水，下秋葵焯熟后捞起控水。

7 锅烧热，加入5毫升油，烧至五成热，倒入蛋液，摊成蛋饼。

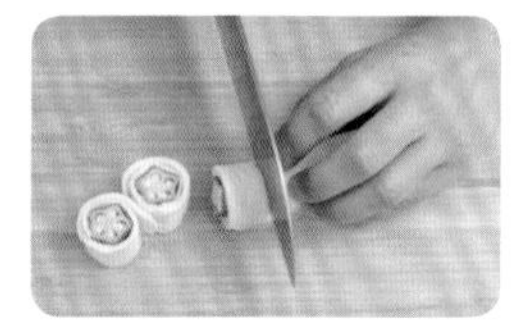

8 把秋葵放在蛋饼的一头，往另一头翻卷成蛋卷，切成段。

9 将照烧鸡腿切成条，和秋葵蛋卷一起盖在米饭上，最后撒上熟白芝麻，和照烧鸡腿一起装入饭盒即可。

烹饪秘籍

1 照烧汁可以用3份料酒、2份老抽、1份生抽、1份蜂蜜混合的方法在家中简易配制。

2 炖煮鸡腿的过程中注意多翻动，多浇汁，使鸡腿肉更入味。

照烧汁酱香浓郁又带甜味的口感很受欢迎，一直以为是加了什么神秘调料，其实没有照烧酱，在家也可以使用家常的调料调配出来，而且自己DIY出来的照烧鸡腿，比店里的更好吃呢。

人间烟火

干炒牛河+白灼芥蓝

30分钟 | 中等

主料

河粉…100克
牛里脊…50克
芥蓝…200克
洋葱…20克
韭黄…20克
绿豆芽…50克
葱…10克
小红椒…10克

辅料

食用油…20毫升
料酒…1汤匙
生抽…1茶匙
老抽…1茶匙
盐…1茶匙
淀粉…1汤匙
蚝油…1汤匙
蒸鱼豉油…1汤匙

烹饪秘籍

1 干炒牛河一定要全程猛火快炒，注意食材下锅后要快速滑散，保持受热均匀。

2 芥蓝焯水后过冷水可以保持翠绿。

做法

干炒牛河

1 牛里脊洗净，切成薄片，加淀粉和1/2汤匙料酒一起抓匀，腌制10分钟。

2 洋葱、韭黄、绿豆芽及葱洗净，洋葱切丝，韭黄、葱切3厘米长的段。

3 剩下的1/2汤匙料酒和生抽、老抽、盐混合搅拌均匀成料汁备用。

4 锅烧热，倒入15毫升油，大火烧至冒烟，迅速倒入牛肉片滑散，翻炒至牛肉变色后，盛出备用。

5 锅再次烧热，倒入5毫升油，放入河粉，大火急速翻炒半分钟左右。

6 倒入之前炒好的牛肉，以及洋葱、韭黄、绿豆芽，大火翻炒至蔬菜断生。

7 淋入料汁，放入葱段，再次翻炒至料汁均匀即可起锅。

白灼芥蓝

8 芥蓝洗净，切成两段；小红椒洗净，横向切成辣椒圈。

9 锅烧沸水，放入芥蓝，焯1分钟左右至熟，捞出过冷水后，控干放入盒中。

10 锅烧热，加约3汤匙水，在水中放入蚝油、蒸鱼豉油和辣椒圈，大火将调料汁煮沸。

11 把调料汁另装盒子，吃之前淋入芥蓝中即可。

炒牛河是广东一带的特色小吃，河粉弹牙，豆芽爽脆，牛肉嫩滑，这香气扑鼻的一盘，令人食指大动。炒牛河加一份白灼蔬菜，荤素搭配，营养美味。

吃鱼不吐刺

香煎龙利鱼+蔬菜炒饭

30分钟 | 简单

主料

龙利鱼…200克
芦笋…60克
圆白菜…50克
冻蔬菜丁…60克
米饭…1碗（约100克）

辅料

柠檬…半个
姜…10克
玉米油…2汤匙
黑胡椒粉…1/2茶匙
盐…1茶匙
料酒…1茶匙
白葡萄酒…1茶匙

烹饪秘籍

1 龙利鱼柳比较柔软，煎鱼的火不要太大，不要频繁翻动。
2 如没有柠檬，也可滴入几滴米醋。

做法

香煎龙利鱼

1 龙利鱼解冻，加料酒、1/2茶匙盐和一半的黑胡椒粉，腌制半小时；姜切片；芦笋洗净，择去老根后切成3厘米长的段。

2 锅中放水烧沸，放入芦笋焯20秒左右，捞出，浸泡在凉水中。

3 平底锅烧热，倒入1汤匙玉米油，烧至五成热时，放入姜煸出香味。

4 放入鱼柳，中火煎鱼，煎至一面变白时，翻至另一面继续煎。

5 在锅中烹入白葡萄酒，煎至两面都略有一些焦黄色时，撒上另一半黑胡椒粉即可出锅。

6 和沥水后的芦笋一起放入餐盒中，吃之前挤入几滴柠檬汁。

蔬菜炒饭

7 冻蔬菜丁解冻；圆白菜洗净，切碎。

8 锅烧热，倒入1汤匙玉米油，放入圆白菜及蔬菜丁一起中火翻炒。

9 炒至圆白菜变软，放入米饭。

10 大火炒1分钟左右，加1/2茶匙盐炒匀后出锅，放入餐盒。

做便当一般选肉类食材较多，鱼类不方便收拾而且常常有鱼刺，龙利鱼肉质嫩、腥味小又无刺，很适合作为便当食材，补充优质蛋白质。

既火辣，又清新

剁椒蒸丝瓜+馒头

20分钟 | 简单

主料

丝瓜…200克
金针菇…100克
生火腿…20克
刀切馒头…100克

辅料

剁椒…1汤匙
蚝油…1茶匙
白糖…1茶匙

做法

剁椒蒸丝瓜

1　丝瓜去皮后切条状；金针菇冲洗净，去掉老根，切两段；火腿切碎粒。

2　将金针菇铺在盘底，撒上火腿粒，铺上丝瓜条。

3　将剁椒和蚝油、白糖拌匀后，浇在丝瓜上。

4　上面一层放剁椒丝瓜，水开后蒸七八分钟即可。

馒头

5　起双层蒸锅，下面一层放速冻的刀切馒头。

烹饪秘籍

1　火腿、剁椒、蚝油已有咸味，不需要再放盐。
2　剁椒蒸丝瓜和馒头可以分开装在便当盒中，馒头不会被浸软，口感更有韧性。

丝瓜软嫩，剁椒鲜辣，一个清淡、一个浓烈，虽然是一道素菜，简单却别有滋味。夏天暑热没胃口的时候，用这道菜来“叫醒”味蕾吧。

夏日的京味便当

烙饼摊鸡蛋+木耳拌黄瓜

30分钟 | 简单

主料

烙饼…200克
鸡蛋…2个
干木耳…15克
黄瓜…200克

辅料

食用油…1茶匙
盐…1茶匙
香油…1/2茶匙

做法

1 鸡蛋磕入碗中，加1/2茶匙盐，打散。

2 干木耳泡发后，洗净、去蒂；黄瓜切丝。

烙饼摊鸡蛋

3 平底锅烧热，放油，倒入蛋液，晃动锅身，中小火煎，使蛋液成为圆圆的蛋饼。

4 待蛋液半凝固时，放入烙饼，用铲子稍微压一下，使烙饼和蛋贴在一起。

5 待蛋皮煎熟后，烙饼摊蛋起锅。

木耳拌黄瓜

6 另起一锅烧开水，放入木耳焯熟，捞起沥水。

7 木耳冷却后，和黄瓜丝、香油、1/2茶匙盐搅匀。

8 烙饼摊蛋和木耳拌黄瓜分别放入餐盒，吃时把菜和饼卷起来即可。

烹饪秘籍

烙饼需要选用原味的薄饼，下锅前无须解冻。

俗话说“头伏的饺子二伏的面，三伏烙饼摊鸡蛋”，酷热的三伏天，大家胃口都不好，也没有热情和力气做复杂的菜肴。这个时候就该吃既方便又美味的食物。

馒头炒着吃

蛋煎馒头丁+西蓝花胡萝卜炒蘑菇

20分钟 | 简单

主料

馒头…100克
鸡蛋…2个
西蓝花…60克
胡萝卜…60克
口蘑…40克

辅料

食用油…1汤匙
盐…1茶匙
黑胡椒粉…1/2茶匙

做法

蛋煎馒头丁

1 过夜的干馒头切丁；鸡蛋磕入碗中，加1/2茶匙盐，搅匀；西蓝花洗净，掰小朵；胡萝卜、口蘑洗净，切薄片。

2 将馒头丁裹上蛋液，平底锅烧至六成热，倒入1/2汤匙油，铺满锅底，下馒头丁。

3 中小火煎炒馒头丁，至表面金黄后起锅。

西蓝花胡萝卜炒蘑菇

4 炒锅烧至六成热，倒入1/2汤匙油，下胡萝卜、口蘑，中小火翻炒。

5 炒5分钟左右，倒入西蓝花，再翻炒2分钟，加盐、黑胡椒粉炒匀，起锅。

6 将蛋煎馒头丁和西蓝花胡萝卜炒蘑菇分装入餐盒即可。

烹饪秘籍

1 煎炒馒头丁要选用过夜的冷馒头，不要用刚出锅的热乎乎的馒头。
2 胡萝卜和口蘑切得小而薄，较易炒熟。

晚上很饿的时候，家里只有冷掉的馒头和几颗鸡蛋，这时候，你是选择直接啃，还是饿着？其实，还有第三种答案。

花卷煎着吃

生煎小葱花卷+培根金针菇卷

30分钟 | 简单

主料

小葱花卷…200克
培根…100克
金针菇…200克

辅料

食用油…1汤匙
黑芝麻…适量

做法

生煎小葱花卷

1 平底锅烧至五成热，抹上薄薄一层油，放入小葱花卷，开中火煎3分钟。

2 煎至花卷底部微焦黄，顺着锅边倒入约200毫升水，盖上锅盖，继续中小火慢煎。

3 等锅里发出“呲呲”声，水收干后，花卷底部焦黄，撒上黑芝麻即可出锅。

培根金针菇卷

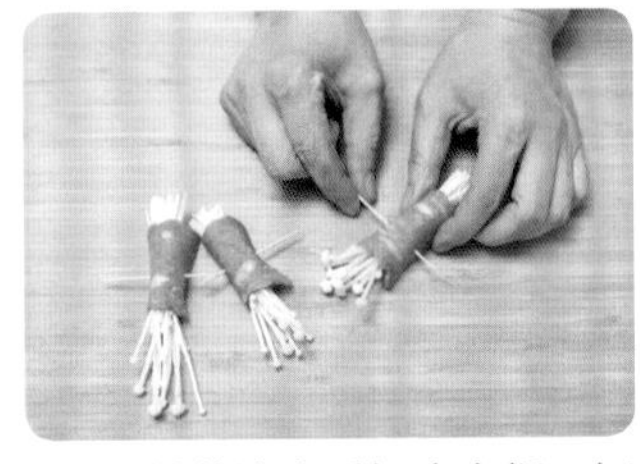

4 金针菇洗净后切去老根，切两半，取一片培根包裹住金针菇，用牙签固定。

5 平底锅烧至五成热，抹上一层油，放入培根金针菇卷。

6 中小火煎至培根出油，两面金黄后，即可出锅。

烹饪秘籍

生煎的小葱花卷一定要够小，不然要很长时间才能煎熟。

生煎包子，生煎馒头，都是寻常的小吃，那可爱的小花卷能不能生煎呢？金黄的底、黑色的芝麻、翠绿的小葱花，生煎花卷宣布正式“出道”！

金黄香脆

快手煎饺+芦笋虾仁

⌛30分钟 | 简单

主料

速冻饺子…200克

芦笋…100克

鲜虾…100克

辅料

食用油…1汤匙

熟黑芝麻…适量

葱花…10克

盐…1/2茶匙

料酒…1汤匙

做法

快手煎饺

1　平底锅烧热，抹上薄薄一层油，放入未解冻的饺子，平铺码好。

2　中火煎，至饺子底部焦黄，倒入约200毫升水，水量没过饺子1/3，盖上锅盖。

3　煎七八分钟，至水快收干时，撒上葱花、黑芝麻。

4　大火把水收干，煎饺即可起锅。

芦笋虾仁

5　芦笋洗净，去老根，切段；鲜虾去虾线，剥出虾仁，加料酒略腌5分钟。

6　炒锅烧热，放剩下的油，烧至六成热后，倒入虾仁，煎炒至虾仁变色。

7　下芦笋，炒20秒左右，加盐起锅，和煎饺一起放入餐盒即可。

烹饪秘籍

1　煎饺的时间要根据饺子的大小和馅料的不同灵活掌握。

2　没有鲜虾也可以选用虾仁，如果是冷冻虾仁，需要先解冻。

饺子煎得底部金黄香脆有什么秘诀？秘诀就是：多试试！要说脆脆的煎饺底部有多好吃？你拿西瓜中间那一口我都不换！

馄饨的另一种打开方式

干拌三鲜馄饨+玉米笋圣女果

30分钟 | 简单

主料

三鲜馄饨…200克
玉米笋…100克
圣女果…100克

辅料

葱…10克
香菜…10克
花生碎…1汤匙
熟白芝麻…适量
蒜…5克
辣椒粉…1茶匙
生抽…1汤匙

做法

干拌三鲜馄饨

1 葱切葱花；蒜切末；香菜切碎；将所有辅料混合，搅拌均匀。

2 三鲜馄饨煮大约10分钟至熟。

玉米笋圣女果

3 玉米笋、圣女果洗净，对半切开。

4 锅中烧沸水，放入玉米笋焯熟，捞起沥水，凉凉，与圣女果拌匀。

5 将三鲜馄饨、调料和玉米笋圣女果分别放入餐盒，吃之前将调料拌入馄饨即可。

烹饪秘籍

干拌馄饨的调料可以根据自己的喜好调整，比如加上花椒油、小米辣等。

馄饨是一种大家都喜欢的小吃，一般来说，无论是大馄饨、小馄饨，都是煮熟了连汤一起吃，但是汤汤水水的，外带终究不方便，试着干拌一下，嘿，妙极了！

三杯鸡能下三碗饭

三杯鸡饭

30分钟 | 简单

主料

鸡全翅…250克
茭白…100克
米饭…1碗（约150克）

辅料

食用油…1汤匙
米酒…6汤匙
生抽…2汤匙
老抽…1汤匙
黑麻油…2汤匙
冰糖…20克
新鲜罗勒…10克
姜…10克
蒜…10克
葱…10克

做法

1 鸡全翅洗净后斩成大块；姜、蒜切片；葱切段；茭白洗净后切滚刀块。

2 锅放油，烧至七成热后，下葱、姜、蒜和黑麻油，中小火爆香。

3 放鸡翅，大火煎炒，至鸡翅皮两面微焦黄。

4 加入米酒、生抽、老抽、冰糖，大火烧开后放茭白。

5 转中小火，盖上锅盖焖煮10~15分钟。

6 至汤汁收干，放入新鲜罗勒，翻拌一下即可出锅，盖在米饭上即可。

烹饪秘籍

1 三杯鸡煮制过程中不加一滴水，全程靠液体调料焖熟食材。
2 最好使用台湾米酒和黑麻油，风味更地道。

“三杯”系列是一种特色做法，指的是“一杯米酒+一杯酱油+一杯麻油”进行焖煮，流传下来到现在，三杯已经有不同的做法，今天这款属于“家庭简易款”，甜中带咸，咸中带鲜。

一边吃饱，一边瘦

瘦身炒饭

20分钟 | 简单

主料

魔芋米…50克
糙米…50克
鸡蛋…1个
鸡胸肉…50克
圣女果…30克
黄瓜…30克

辅料

食用油…2茶匙
盐…1/2茶匙
白胡椒粉…1/2茶匙

做法

1 糙米淘洗干净后放入电饭煲，加水至高出糙米2厘米，煮约20分钟成糙米饭。

2 鸡胸肉洗净，切成1厘米大小的鸡丁；鸡蛋磕入碗中打散；黄瓜洗净、切丁；圣女果洗净、切两半。

3 煮饭程序结束后，放入魔芋米，继续闷3分钟后，盛出备用。

4 炒锅烧热后放一半的油，倒入蛋液，煎至半凝固后，用铲子铲碎，盛出备用。

5 炒锅放另一半油，下鸡丁翻炒，炒至鸡丁变色，呈微焦黄。

6 下入黄瓜丁、鸡蛋和米饭，加盐、白胡椒粉翻炒均匀，起锅后放入餐盒，边上点缀圣女果即可。

烹饪秘籍

鸡丁需要切得很小，方便快速炒熟。

上班族想减肥瘦身往往很难，吃多了自然减不了肥，但是不吃，又无法应付工作日巨大的能量消耗。这里给你提供一个思路：换一种肉，换一种主食，肉用低脂的鸡胸肉主食用魔芋和糙米，热量少了可不是一点点哦。

可口招牌便当

肥牛饭

30分钟 | 简单

主料

米饭…1碗（约150克）
肥牛片…200克
洋葱…50克
胡萝卜…50克
西蓝花…50克
鲜香菇…4朵

辅料

姜…10克
食用油…1汤匙
料酒…1汤匙
生抽…1汤匙
蚝油…1汤匙
白糖…1茶匙
盐…1/2茶匙

做法

1 将料酒、生抽、蚝油、白糖、盐混合，加入3汤匙水，搅拌成酱汁。

2 西蓝花掰成均匀的小朵；洋葱切丝；胡萝卜去皮、切片；姜切片；鲜香菇撕成条。

3 锅中烧水至沸，放入西蓝花、胡萝卜，焯烫30秒后捞出控水备用。

4 放入肥牛片焯烫至变白，捞出控水备用。

5 重新起锅烧热，至七成热时，倒入食用油，放入姜片、洋葱丝、香菇翻炒至出香味。

6 放入肥牛片，倒入酱汁，中火煮3分钟。

7 至汤汁变浓稠后起锅，放凉后，和米饭一起放入餐盒。

8 再摆上焯熟的西蓝花和胡萝卜即可。

烹饪秘籍

1 洋葱炒软一点让甜味出来更好吃。
2 汤汁不要全部煮干，留一点拌米饭。

很喜欢日式快餐店的招牌牛肉饭，想不到自己做更美味，而且特别幸福。对我而言，幸福有两个瞬间：一是肥牛在锅里咕嘟咕嘟煮的时候，另外一个是打开便当盒的时候。

活色生香

尖椒牛柳饭

30分钟 | 简单

主料

牛里脊肉…150克
青尖椒…100克
洋葱…50克
米饭…1碗（约150克）

辅料

食用油…1汤匙
生抽…1汤匙
老抽…1茶匙
料酒…2汤匙
姜…10克
蒜…10克
盐…1/2茶匙
淀粉…1茶匙

做法

1　牛里脊洗净后切成细长的牛柳；青尖椒去蒂、去子，对半切开；洋葱切块；姜、蒜切薄片。

2　将牛柳用1汤匙料酒和淀粉抓匀，腌制10分钟。

3　锅烧热，放油，烧至七成热，下牛柳。

4　烹入1汤匙料酒，大火翻炒至变色，捞起备用。

5　锅留底油，放入姜、蒜爆香，再下入洋葱、青尖椒翻炒。

6　至炒出香味后，再将牛柳倒回锅中。

7　倒入生抽、老抽、盐，大火翻炒均匀，起锅盖在米饭上即可。

烹饪秘籍

牛柳要全程旺火快炒，才会香气四溢，有“镬气”。

尖椒牛柳是那种很容易成为"爆款"的菜，香气十足，让人食指大动，牛柳滑嫩，尖椒青翠，吃这个菜的时候，米饭一定要配足。

胡萝卜比牛腩还好吃

胡萝卜牛腩杂粮饭

40分钟 | 简单

主料

牛腩…250克
胡萝卜…100克
洋葱…50克
西蓝花…50克
大米、小米、糙米混合的杂粮米…60克

辅料

姜…10克
食用油…1汤匙
料酒…2汤匙
生抽…1汤匙
老抽…1汤匙
豆瓣酱…2汤匙
冰糖…10克
干辣椒…5克

做法

1 牛腩洗净后切大块，胡萝卜切滚刀块，洋葱切厚片，西蓝花切小朵，姜切薄片。

2 将约1升水烧沸后，放入2片姜片和1汤匙料酒，下牛腩大火焯烫。

3 水再次沸腾后，捞起牛腩，冲洗干净表面的浮沫备用。

4 锅烧热，放油，放入剩下的姜片、干辣椒爆香，倒入牛腩。

5 加1汤匙料酒、生抽、老抽、豆瓣酱，大火翻炒牛腩。

6 至牛腩呈现酱色，表面收缩，加冰糖，倒入适量热水，水量基本与牛腩持平，下胡萝卜块、洋葱，大火炖牛腩。

7 西蓝花焯熟后捞起；把杂粮淘洗干净后，放入电饭煲，加水至超过米2厘米，煮好杂粮饭备用。

8 牛腩炖至汤汁浓稠时，放入西蓝花，继续煮至汤汁收干后起锅，盖在杂粮饭上即可。

烹饪秘籍

1 牛腩要在沸水中烫去血沫才能去腥。
2 豆瓣酱、老抽、生抽都带咸味，不必再加盐。

这道胡萝卜牛腩，煮好的时候那叫一个香气四溢，最怕的就是等不及放入餐盒，就会忍不住吃掉一半！另外，它特别适合作为便当的一个原因是，再次加热后更入味、更香了。

牛肉如美人，千万不可老

滑蛋牛肉饭

30分钟 | 简单

主料

牛里脊肉…100克
番茄…100克
鸡蛋…1个
米饭…1碗（约150克）

辅料

姜…10克
葱…10克
食用油…20毫升
料酒…1汤匙
淀粉…2茶匙
白糖…1茶匙
盐…1/2茶匙

做法

1 牛里脊肉洗净后切薄片；姜切片；葱切葱花；番茄切滚刀块；鸡蛋磕入碗中打散；取1茶匙淀粉加2汤匙水调成水淀粉。

2 在牛肉片中放入料酒、姜片和1茶匙淀粉，抓匀后腌制20分钟，去掉腌料。

3 锅烧热，加15毫升油，油温烧至八成热后，下牛肉片滚油，至牛肉片变色后捞起，沥油备用。

4 锅再次烧热，倒入蛋液，大火煎至蛋液半凝固，用铲子划成大块，盛出备用。

5 锅里加入5毫升油，烧至六成热，下番茄块、白糖，中小火翻炒至番茄变软出汁，加入炒好的蛋块和牛肉。

6 倒入水淀粉勾薄芡，加盐，撒上葱花，翻炒均匀后盖在米饭上。

烹饪秘籍

1 牛肉要切得薄薄的，在烧热的油中烫熟，保持滑嫩的口感。
2 炒蛋时，在八成熟时就可以盛出了，不然再经过第二次翻炒会老。

滑蛋牛肉的精髓就在一个“滑”字，一个是牛肉要滑嫩，不要让它和滚烫的油接触太久，一定要当机立断把它及时盛出来，二是蛋液不能炒老，牛肉和鸡蛋都要够滑够嫩才好。

长盛不衰的“网红”饭

蛋包饭

30分钟 | 简单

主料

鸡蛋…2个
米饭…1碗（约150克）
番茄…100克
火腿肠…50克
豌豆…20克
蘑菇…20克

辅料

食用油…20毫升
盐…1茶匙
番茄酱…1汤匙
白胡椒粉…1/2茶匙

做法

1 番茄洗净，去皮后切小粒，火腿肠、蘑菇切丁，鸡蛋磕入碗中，打散成蛋液。

2 锅中烧水至沸，放入豌豆、蘑菇丁焯半分钟，捞起沥水备用。

3 锅烧热，倒入15毫升油，下番茄粒、蘑菇丁翻炒，炒至番茄变软。

4 倒入火腿肠丁、豌豆和米饭，继续翻炒。

5 炒至米饭颗粒分散，加入盐、白胡椒粉，翻炒均匀后，盛出备用。

6 另起一平底锅，烧热锅后加5毫升油，倒入蛋液，晃动锅身使蛋液平铺锅底。

7 中小火将蛋液煎至半凝固后，在蛋皮一侧放入炒好的米饭。

8 将另一半对折，把蛋皮压紧，整理一下形状，放入餐盒，最后挤上番茄酱即可。

烹饪秘籍

1 番茄粒在油锅中慢火煸炒一会儿，可以使番茄出汁，风味更好。
2 煎蛋皮的时候，火候要保持中小火，不然容易焦。

蛋包饭在韩国、日本都是相当受欢迎的料理，据说送朋友蛋包饭可以表示深厚的友谊，妈妈们也喜欢给孩子做蛋包饭作为便当。这么说来，无论是家里吃，还是当礼物，蛋包饭都是不可不学的呢。

外酥里嫩

猪排蛋饭

40分钟 | 简单

主料

猪排…100克
鸡蛋…2个
洋葱…30克
米饭…1碗（约150克）

辅料

食用油…300毫升（实耗约20毫升）
淀粉…20克
面包糠…30克
料酒…1汤匙
生抽…2汤匙
白糖…1茶匙
盐…1/2茶匙
黑胡椒粉…1/2茶匙

做法

1 猪排洗净后，用刀背拍松，加入盐和黑胡椒粉腌制10分钟。

2 鸡蛋磕入碗中打散；洋葱洗净、切块；将料酒、生抽、白糖混合，加2汤匙清水，搅匀成料汁。

3 腌好的猪排裹上一层淀粉，再裹一层蛋液，最后再裹满面包糠。

4 锅倒油，烧至八成热，放入猪排，炸至两面金黄。

5 捞出沥油，切粗条。

6 锅留约1汤匙底油，放入洋葱翻炒出香味，倒入料汁。

7 等锅里汤汁变少后，倒入剩下的蛋液，煎炒至蛋液凝固。

8 将洋葱滑蛋和炸猪排盖在米饭上即可。

烹饪秘籍

1 猪排要大而薄，便于腌制入味，也容易炸熟。
2 炸猪排的油温要高一些，表面才会酥脆。

开心的时候，就想吃个炸猪排，不开心的时候，也想吃炸猪排，工作忙的时候，吃炸猪排补充能量，工作不忙的时候，慢慢品尝炸猪排的香酥味道……嗯，赶快喜提猪排蛋饭吧。

吃到把头埋在饭碗里

卤肉饭

1小时 | 简单

主料

猪五花肉…200克
鸡蛋…1个
干香菇…15克
小油菜…50克
米饭…1碗（约150克）

辅料

红葱酥…10克
姜…10克
食用油…1汤匙
料酒…2汤匙
生抽…1汤匙
老抽…1汤匙
冰糖…15克
盐…1/2茶匙
白胡椒粉…1/2茶匙
五香粉…1/2茶匙

烹饪秘籍

1 红葱酥是台式卤肉饭的“灵魂”，可以在大型超市或网店购买。

2 炖肉的汤汁变浓时，要注意用铲子铲一下锅底，以防锅底糊了。

做法

1 五花肉洗净，切成1厘米大小的丁；小油菜整棵掰开，洗净；干香菇泡发后切丁；姜切末。

2 锅烧热，放油，烧至五成热后下冰糖翻炒，至冰糖融化，出现小泡泡。

3 放入五花肉丁煎炒，使五花肉丁均匀裹上糖的焦黄色。

4 放入红葱酥、姜末，继续翻炒。

5 倒入料酒、生抽、老抽，炒至五花肉丁呈酱色，微微皱缩。

6 加入香菇丁、五香粉、白胡椒粉，加约400毫升水至没过肉丁，中火熬煮。

7 另起一锅，煮开水，将小油菜放入沸水焯熟，捞起控水。

8 再放鸡蛋入锅，煮7分钟左右至熟，捞起冲水，降温后剥壳，将熟鸡蛋放入卤肉锅中。

9 等肉炖至汤汁变浓稠，加盐即可起锅，把卤肉铺在米饭上。

10 卤蛋切两半，和小油菜搭配放入餐盒。

切成小丁的卤肉肥而不腻、甜咸适口、香浓四溢，配上一碗焖煮得恰到好处的白饭，让你吃到不抬头。卤肉的汤汁不要收得太干，拿来拌米饭太香了。

土豆香肠饭

20分钟 | 简单

主料

大米…60克
腊肠…40克
土豆…40克
胡萝卜…30克
小葱…20克

辅料

食用油…2茶匙
生抽…1茶匙
蚝油…1茶匙
辣酱…1茶匙

做法

1 大米洗净，浸泡半小时备用；土豆去皮，腊肠、土豆、胡萝卜均切成1厘米见方的丁状；小葱切葱花。

2 锅烧热，放油，烧至七成热时，放入腊肠、土豆丁，翻炒至发出香味。

3 将浸泡的大米沥水控干，和腊肠、土豆、胡萝卜丁一起放入电饭煲。

4 加水高出大米1.5厘米，煮约20分钟至熟。

5 煮饭程序完成后，倒入生抽、蚝油、辣酱，搅拌均匀。

6 最后撒上葱花，闷1分钟即可出锅。

烹饪秘籍

1 土豆和腊肠一起翻炒，使土豆沾上腊肠的油香。
2 如不放辣酱，应加1/2茶匙盐。

这个饭有两样好处：一是操作简单、适合懒人；二是味道非凡，吃完之后会心生“生活如此美好”的念头。

懒人有懒福

肉丁香菇焖饭

20分钟 | 简单

主料

大米…60克
腊肉…30克
干香菇…15克
豌豆…30克
小葱…10克

辅料

食用油…2茶匙
生抽…1茶匙
盐…1/2茶匙

做法

1 大米洗净，浸泡半小时备用；干香菇泡发后和腊肉均切成1厘米见方的小丁；小葱切葱花。

2 锅烧热后放油，烧至七成热时，放入腊肉丁、香菇丁，小火煸炒至出香味。

3 将大米、翻炒过的腊肉、香菇丁，一起放入电饭煲，加水高出大米1.5厘米，煮约20分钟至熟。

4 锅烧水至沸，放入豌豆焯2分钟，捞起控水备用。

5 煮饭程序完成后，开盖，加入生抽、盐，搅拌均匀。

6 放入豌豆、葱花，再扣好锅盖，用余温继续闷1分钟左右即可起锅。

烹饪秘籍

1 腊肉和香菇丁在油锅中煸炒，使腊肉的香味更好地激发出来，变得更“油润”。
2 最后的豌豆和葱花是为了增加翠绿的颜色，注意不要闷过头。

焖饭是一种特别适合单身人士和懒人的食物，把荤的素的都切小丁，和大米一起，在电饭锅里接受“洗礼”，打开锅盖的时候香气满屋，简直等不及装入便当盒就把它消灭了。

豌豆豌豆，我是火腿

豌豆火腿糙米焖饭

20分钟 | 简单

糙米是没有经过精细加工的稻米子粒，与普通白米相比，含有更丰富的维生素、矿物质与膳食纤维，瘦身效果显著。要注意的是，煮糙米饭的时候要多加些水。

主料

生火腿…30克
豌豆…50克
杏鲍菇…30克
大米…50克
糙米…50克

辅料

食用油…1茶匙
葱…10克
生抽…2茶匙

做法

1 火腿、杏鲍菇洗净后切丁，大米、糙米混合后淘洗干净，葱切葱花。

2 炒锅烧热，放油，下火腿丁和杏鲍菇丁，小火翻炒至杏鲍菇变软。

3 将火腿、杏鲍菇和大米、糙米倒入电饭煲，加水至高出大米1.5厘米，煮约20分钟至熟。

4 煮饭程序完成后，放入豌豆，闷3分钟左右。

5 最后撒入葱花、淋入生抽，翻拌均匀即可。

烹饪秘籍

1 把火腿丁和杏鲍菇炒一下，使杏鲍菇更好地吸收火腿的鲜香。
2 生抽只需要一点点，用来增加咸鲜味，不可多加。

第四章

汤汤水水不能少

脆皮炸鸡配冰可乐或啤酒，夏天配清凉的绿豆汤，秋天配滋润的银耳汤……好吃的配上好喝的，才更有滋有味呢！

蔬菜汤喝得饱饱的

蔬菜版罗宋汤

20分钟 | 简单

主料

番茄…200克
土豆…100克
胡萝卜…100克
洋葱…50克
圆白菜…50克
西芹…50克

辅料

食用油…1汤匙
番茄酱…2汤匙
白糖…2茶匙
盐…1茶匙
黑胡椒粉…1/2茶匙

做法

1 番茄洗净、去皮，切大块，土豆、胡萝卜、洋葱、西芹洗净，切丁，圆白菜洗净后，撕成片。

2 锅烧至五成热，放油，下土豆、胡萝卜、洋葱、圆白菜、西芹，中小火翻炒3分钟左右。

3 下番茄块，小火煸炒至番茄软烂出汁。

4 加白糖、番茄酱煸炒2分钟左右。

5 加约600毫升水，大火煮至胡萝卜、土豆软熟。

6 加盐、黑胡椒粉拌匀，即可出锅。

烹饪秘籍

1 可以加牛肉汤代替水，味道更香浓。
2 白糖起到平衡酸味和提鲜的作用，不要省略。

罗宋汤起源于俄式红菜汤，里面有种类丰富的蔬菜丁，由于加了很多番茄，口味酸甜，特别适合在没胃口的夏天喝，清爽开胃。

清爽宜人

紫菜冬瓜虾皮汤

10分钟 | 简单

冬瓜味甘性寒，有消肿利水的功效，对于水肿型肥胖有很好的减肥作用，可以说是一款“瘦子快乐水”了，加点虾皮紫菜，快乐地喝，健康地瘦。

主料

干紫菜…10克
冬瓜…100克
虾皮…20克

辅料

食用油…1茶匙
盐…1/2茶匙
葱…10克
榨菜…10克

做法

1　干紫菜冲洗干净后，撕成小片；冬瓜去皮、去子，洗净，切成小块；葱切葱花；榨菜切粒。

2　锅烧至六成热，放油，下冬瓜中小火翻炒2分钟。

3　倒入约500毫升水，大火煮至冬瓜软熟。

4　放入紫菜、虾皮、葱花、榨菜，加盐调匀，即可起锅。

烹饪秘籍

1　紫菜很容易熟，加入后即可关火，浸泡在热汤中即可闷熟涨开。
2　加榨菜粒可以增加鲜味，不加也可以。

你爱吃豆还是喝汤?

快速绿豆汤

20分钟 | 简单

夏季满头大汗后，咕咚咕咚喝碗绿豆汤，瞬间感觉散去了暑热。煮一碗绿豆汤简单快手，提前煮好放到冰箱里，喝碗冰镇的也不错哦。

主料

绿豆…50克
冰糖…50克
荸荠…50克

做法

1 绿豆洗净后浸泡过夜；荸荠去皮、洗净，切碎粒。

2 绿豆、冰糖放入压力锅，加约800毫升的水，大火煮。

3 煮至上汽后，转小火焖10分钟，关火。

4 开盖后加入荸荠碎粒即可。

烹饪秘籍

绿豆汤的水量没有定规，绿豆和水的比例在1：6~1：12之间都是可以的。

夏日味噌汤

20分钟 | 简单

主料

番茄…100克
嫩豆腐…100克
鲜香菇…30克
干裙带菜…20克

辅料

食用油…1茶匙
味噌酱…2汤匙
熟白芝麻…适量

做法

1　番茄洗净、去皮，切小块；嫩豆腐切2厘米见方的小块；鲜香菇洗净，切薄片。

2　锅烧至六成热，放油，下番茄块小火煸炒，炒至番茄软烂。

3　倒入500毫升左右的水，放香菇，大火煮。

4　煮至汤沸后加味噌酱，搅拌均匀。

5　加入豆腐、裙带菜。

6　大火煮至汤再次沸腾后关火，撒入熟白芝麻即可。

烹饪秘籍

1　干裙带菜类似紫菜，放入热汤中很容易涨开，最后放入即可。
2　味噌酱已自带鲜咸味，无须再另外调味。

味噌是一种以黄豆为主原料，经过发酵而成的调味品，它既可以做成汤，也可以与蔬菜、肉等烹煮成菜，含有丰富的蛋白质和膳食纤维。

白玉翡翠

鸡丝豌豆汤

12分钟 | 简单

主料

鸡腿肉…50克
白玉菇…50克
豌豆粒…50克

辅料

食用油…2茶匙
盐…1/2茶匙
淀粉…1/2茶匙
生抽…1茶匙

做法

1 鸡腿肉洗净，切细丝，加淀粉、生抽腌制5分钟；白玉菇、豌豆粒洗净。

2 锅烧至六成热，放油，下白玉菇、豌豆粒，中火翻炒约2分钟。

3 加入500毫升左右的水，大火煮。

4 汤沸后，倒入鸡丝，迅速用筷子划开，防止鸡丝粘连。

5 煮至汤再次沸腾后，加入盐，搅匀即可起锅。

烹饪秘籍

1 鸡丝是在沸腾的汤里烫熟的，需要切得很细。
2 鸡肉最好选用鸡腿肉，其他部位较柴。

这是一碗12分钟就能出炉的鲜美好汤。5分钟切鸡丝，5分钟腌制，1分钟下锅，1分钟煮熟，颜值高，味道鲜，是汤里的“小家碧玉”。

清秀佳人

黄瓜玉米汁

20分钟 | 简单

主料

甜玉米…200克
黄瓜…50克

做法

1 甜玉米洗净，剥出玉米粒；黄瓜洗净，切小块。

2 锅中放入约500毫升水，烧沸，放入玉米粒，煮半分钟左右。

3 将黄瓜、玉米粒连同热水一起倒入搅拌机，启动搅拌程序。

4 操作两三次搅拌程序，至玉米粒打碎。

5 过一下滤网，倒出黄瓜玉米汁即可。

烹饪秘籍

喜欢甜味的可以在黄瓜玉米汁晾至温热后，加入适量蜂蜜调味。

玉米汁香甜，黄瓜汁清爽，有没有试过把它们两个搭在一起？黄瓜玉米汁，清新又爽口！

香浓好饮

核桃酪

30分钟 | 简单

主料

糯米…50克
红枣…100克
核桃仁…30克
花生米…20克

辅料

冰糖…30克

做法

1　糯米洗净后用清水浸泡3小时以上。

2　红枣去核；核桃仁、花生米切碎。

3　将糯米、红枣、核桃仁、花生米、冰糖放入压力锅，加600毫升水，大火煮。

4　煮至上汽后，转小火焖10分钟，关火。

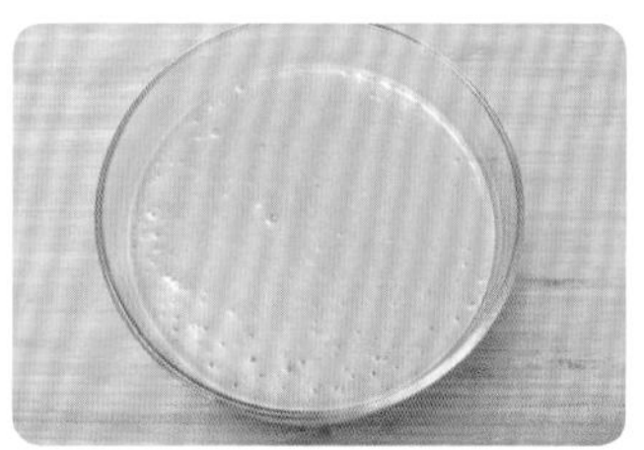

5　开盖，将浓稠的核桃红枣粥倒入料理机，搅打成细腻的糊状即可。

烹饪秘籍

1　加入花生米可以丰富干果香味的层次。
2　如喜欢更绵密香滑的口感，搅拌环节可以多操作1次。

梁实秋的《雅舍谈吃》里面写到的“核桃酪”很诱人，是不是总想尝尝？却苦于做法复杂，程序繁琐。这里提供一款简易版，虽然比不上梁家的，但是味道还是不错哟。

假装喝啤酒

苏打咖啡

5分钟 | 简单

苦苦的黑咖啡，喝起来精神抖擞。配上苏打水，打一朵奶油花，香香甜甜，有趣又好喝。

主料

速溶黑咖啡…2支（约4克）
苏打水…150毫升

辅料

咖啡糖浆…1茶匙
喷射奶油…1罐（实耗约15克）

做法

1　在速溶黑咖啡中加入50毫升热水，搅拌均匀。

2　把黑咖啡液体倒入苏打水。

3　加咖啡糖浆，搅拌均匀。

4　摇晃喷射奶油，在苏打咖啡上打出一圈奶油花纹即可。

烹饪秘籍

苏打水会瞬间冒气，小心泡沫溢出来。

可以嚼着吃的饮料

黑米椰奶

25分钟 | 简单

黑米加椰奶，一款可以嚼着吃的饮料，黑米香糯，椰奶滋润。可以保留颗粒状，也可以放进搅拌机全部打匀。总之无论怎样，味道都很好。

主料

黑米…50克
牛奶…250毫升
椰汁…500毫升

辅料

白糖…20克
椰果…30克

做法

1 黑米洗净后用清水浸泡3小时，放入电饭煲，加水至高出黑米3厘米左右。

2 煮20分钟左右，煮出湿润的熟黑米饭。

3 将黑米饭、牛奶、椰汁、白糖混合，放入料理机，把黑米饭颗粒打碎，盛出。

4 最后加入椰果，用粗吸管饮用。

烹饪秘籍

1 黑米需要煮得软糯一些，宁愿加多水，不能少放水。

2 牛奶和椰汁的比例可以根据喜好调整。

恰到好处

焦糖奶茶

20分钟 | 简单

主料

纯牛奶…250毫升
红茶包…1包

辅料

细砂糖…15克

做法

1 大火烧厚底不粘锅至七成热后，转小火。

2 加入细砂糖，小火熬至糖慢慢融化。

3 熬至糖液成为焦黄色，倒入纯牛奶。

4 转大火，加入红茶包，煮2分钟左右至红茶香味飘出。

5 拿掉茶包，倒出奶茶即可。

烹饪秘籍

1 熬煮焦糖时用小火即可，火大了会熬成“焦炭”。
2 也可用两三克红茶茶叶代替茶包。

焦糖用处很多，配奶茶、配布丁、配冰激凌，都很搭。快拿出家传不粘锅，配上胆大心细，掌控好火力和温度，多试几次，新手也能熬出好焦糖。

豆浆是常见的饮料，但是很多人不爱喝带有豆腥味的纯豆浆。而加料的豆浆就可以很好地掩盖这种味道，尤其是加了花生、红枣，简直让人欲罢不能。

给豆奶加点料

花生红枣豆奶

40分钟 | 简单

主料

黄豆…30克
红枣…30克
生花生米…30克

辅料

冰糖…20克

烹饪秘籍

1 红枣已有甜味，也可省略冰糖。
2 花生米的红色表皮和红枣的皮都可以保留，不影响饮品风味。

做法

1 黄豆洗净后用清水浸泡一夜，倒掉水，冲洗一下。

2 红枣洗净，去核，切碎；花生米切碎。

3 将黄豆、红枣、花生米、冰糖放入料理机，加1000毫升水（或至料理机的水位线）。

4 选择“五谷豆浆”模式，待料理机操作完毕，即成花生红枣豆奶。

5 过筛，可令豆浆口感更细腻。

星光点点

雪梨银耳金橘饮

30分钟 | 简单

雪梨银耳是一款很滋润的糖水，不过炖煮起来比较费时，这次我们用豆浆机来煮，全程“零守候”，加上几颗金橘，增香添色不少。

主料

雪梨…150克
干银耳…10克
金橘…20克

辅料

冰糖…20克

做法

1 雪梨去皮、去核后，切成小丁；干银耳泡发后，撕成小碎片；金橘去果肉、核，只取皮，切碎。

2 将梨、银耳、金橘放入料理机，加约1200毫升水（或料理机推荐的水量范围）。

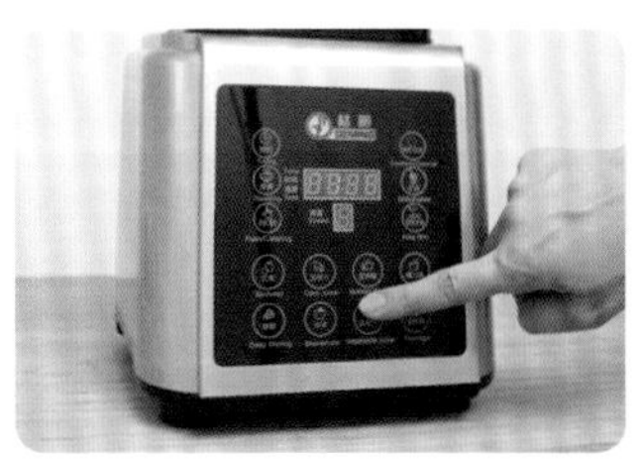

3 选择“蔬果汁”模式，启动料理机。

4 完成后，倒出雪梨银耳金橘饮，加入适量冰糖搅匀即可。

烹饪秘籍

如没有金橘，可用5~10克柠檬皮碎代替。

有百香果就好办了

百香果蜂蜜水

⌛20分钟 | 简单

百香果在近几年成为常见的热门水果，它的香气很浓郁，远远就能闻到。它还含有丰富的维生素C，可以增强免疫力，还有一种特殊的酶，可以改善新陈代谢。

主料

百香果…3个
小青橘…4个
青柠…半个

辅料

蜂蜜…2汤匙

做法

1 百香果洗净，对半切开，挖出果肉备用。

2 小青橘洗净，对半切开；青柠切薄片。

3 把百香果果肉、小青橘、青柠片放入800毫升矿泉水中。

4 加入蜂蜜，冷藏3小时以上饮用。

烹饪秘籍

青柠也可以用普通的黄柠檬替代，但用青柠的视觉效果更清爽。

不停续杯

五彩缤纷水果茶

20分钟 | 简单

做水果茶需要的水果种类没有一定的标准，凡是好看的、好吃的，都可以拿来泡泡、喝喝，优先选择香气浓郁、形状稳定的。

主料

红茶包…2包
橙子…100克
菠萝…100克
苹果…100克
百香果…50克
猕猴桃…50克

辅料

柠檬…20克
蜂蜜…1汤匙

做法

1　橙子、菠萝、苹果、猕猴桃分别去皮，切成小块；柠檬洗净，切薄片，百香果挖出果肉备用。

2　将水果块、柠檬片、百香果肉、红茶包放入茶壶中，冲入1000毫升左右的热水。

3　3分钟后，拿掉茶包。

4　等水果茶晾至温热（30℃~40℃），加入蜂蜜搅匀即可。

烹饪秘籍

1　这款水果茶的水果可以选用自己喜欢的，推荐柑橘类芳香型水果。
2　红茶不要放太多，以免掩盖了水果的清新味道。
3　蜂蜜不要加入滚烫的水中，以免破坏营养。

酷爽到底

柠檬薄荷冰红茶

⌛20分钟 | 简单

柠檬薄荷冰红茶在市面上也有很多品牌在销售，为啥要自己做呢？因为要多多放柠檬，多多放薄荷，多多放冰块啊，这才叫酷爽！

主料

柠檬…1个
红茶…5克
鲜薄荷…10克

辅料

冰糖…50克
冰块…适量

做法

1　将1000毫升纯净水煮开，放入红茶，泡10分钟，滤出茶叶渣。

2　放入冰糖，搅匀，静置凉凉。

3　柠檬洗净，取半个榨出柠檬汁，另外半个切成三四个薄片。

4　红茶凉凉后，加入柠檬片、柠檬汁和鲜薄荷叶，喝前加入冰块。

烹饪秘籍

可以事先把薄荷叶放在水中冻成薄荷冰块再加入，颜值更高。

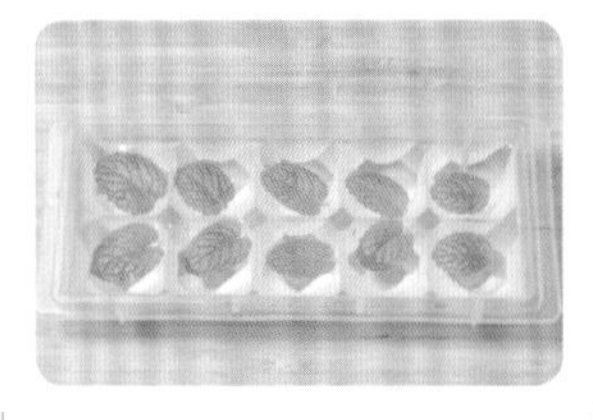

第五章

手作零食的解馋方案

我们总是对“手作”两个字没有抵抗力，特别是手作零食，不仅意味着好食材、零添加，更因为里面包含了自己和家人的巧心思，让食物更有温度起来。

一吃就开心

可乐饼

50分钟 | 简单

主料

土豆…250克
洋葱…30克
生玉米粒…20克
胡萝卜…20克
豌豆…20克
培根…30克

辅料

食用油…300毫升（实耗30毫升）
盐…1茶匙
黑胡椒粉…1/2茶匙
鸡蛋…1个
淀粉…10克
面包糠…30克
番茄酱…适量

做法

1 土豆、洋葱去皮、洗净，切成丁；玉米粒、胡萝卜、豌豆洗净；胡萝卜切丁；培根切碎粒；鸡蛋磕入碗中，打成蛋液。

2 土豆丁入蒸锅，上汽后，大火蒸约15分钟至土豆软烂。

3 土豆碾成土豆泥备用。

4 胡萝卜、玉米粒、豌豆放入沸水中，焯1分钟左右，捞出沥水备用。

5 锅烧至五成热，放1汤匙油，下培根和洋葱丁，小火翻炒至出香味，盛出备用。

6 将土豆泥、洋葱、培根、胡萝卜、玉米粒、豌豆放入大碗中，加入盐、黑胡椒粉搅拌均匀。

7 取30克大小的一团土豆蔬菜泥，整理成圆饼状。

8 将土豆饼分别裹上一层薄薄的淀粉，再裹上一层蛋液，最后裹上一层薄薄的面包糠。

9 锅烧热，倒入剩余油烧至八成热，下土豆饼炸至金黄色，出锅沥油。

10 搭配番茄酱即可。

烹饪秘籍

由于土豆和其他食材都已熟，下锅后高温快炸至金黄即可出锅。

可乐饼跟号称“肥宅快乐水”的可乐没有关系，也不是用来配可乐吃的小吃，它是一种日式炸丸子，加入了土豆泥和洋葱、肉末，金黄酥脆。

心太软

糯米枣

60分钟 | 简单

主料

红枣…300克
糯米粉…100克

辅料

蜂蜜…1汤匙
桂花…适量
熟白芝麻…10克

做法

1　红枣洗净，用清水浸泡半小时左右。

2　取一根较粗的吸管，穿过红枣，去除枣核。

3　在糯米粉中加入约60毫升温水，搅拌使糯米粉吸收水分，揉成一个面团。

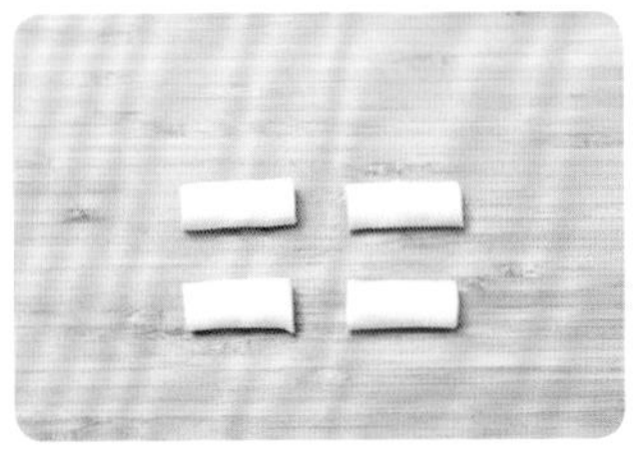

4　将面团分割成10克大小的细条。

5　用刀切开红枣一边，不切断，塞入糯米面做的小细条。

6　将糯米红枣放入蒸锅，大火蒸12~15分钟。

7　出锅后淋上蜂蜜，撒上桂花、熟白芝麻即可。

烹饪秘籍

糯米面团做好后，如果一时来不及马上用，需要盖上湿布，以免干裂。

糯米枣是很多餐厅饭店常见的冷盘小菜，红枣富含多种营养成分，而且补虚益气、养血安神，对女性、老人都很有好处。

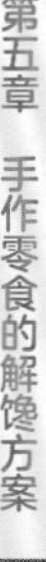

香甜软糯

巧克力糯米糍

30分钟 | 简单

主料

糯米粉…100克

糖粉…20克

可可粉…1汤匙

巧克力球…8个

辅料

椰蓉…30克

做法

1 将糯米粉、糖粉、可可粉混合均匀，加入约90毫升水。

2 揉成光滑的面团，分成8份。

3 在每份面团中包入一颗巧克力球，再搓圆面团，成为一个球形。

4 做好8颗糯米球，放在铺了一层烘焙油纸的蒸锅中。

5 大火上汽后，蒸约15分钟。

6 出锅，凉凉，裹上一层椰蓉即可。

烹饪秘籍

1 糯米面团中糖含量较低，巧克力球馅儿可以选用甜度稍高的牛奶巧克力。

2 如糯米球做得较大，蒸制时间需要延长。

巧克力的香甜加上糯米制品的软糯，一口下去，外皮软，内馅香，椰蓉的加入更丰富了口感。美中不足的是，糯米制品不好消化，注意不要吃太多哦。

酥脆有层次

牛轧饼

20分钟 | 简单

主料

苏打饼干…200克
黄油…45克
原味棉花糖…140克
奶粉…50克

辅料

蔓越莓干…30克

做法

1 蔓越莓干切碎。

2 平底不粘锅烧热，小火融化黄油。

3 放入棉花糖，小火加热至棉花糖融化成液体。

4 加入奶粉、蔓越莓干，快速搅拌至奶粉与棉花糖黄油融合，关火。

5 舀起一勺牛轧馅放在一片苏打饼干上，盖上另一片饼干即可。

烹饪秘籍

1 一定要用不粘锅，全程小火。
2 加入奶粉后要快速搅拌，棉花糖在锅里熬时间久了容易硬。
3 可以用透明塑料袋包装起来，方便携带。

外层的苏打饼干酥酥脆脆，里面的牛轧馅儿软硬适中，可以选用咸味的苏打饼干，咸甜交织，层次分明，口感更丰富哦。

自成一派

香蕉派

70分钟 | 简单

主料

原味飞饼…300克
香蕉…160克

辅料

鸡蛋…1个

做法

1 鸡蛋磕入碗中，打成蛋液；香蕉去皮，切成小丁。

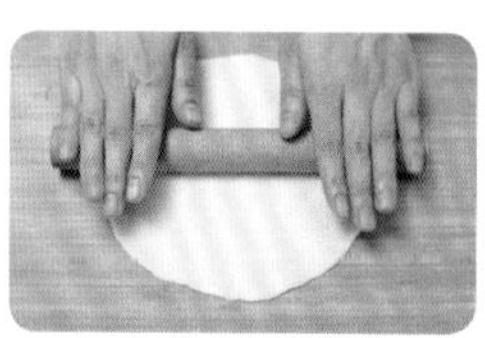
2 冷冻的飞饼皮解冻后，用擀面杖擀薄、擀大，松弛15分钟。

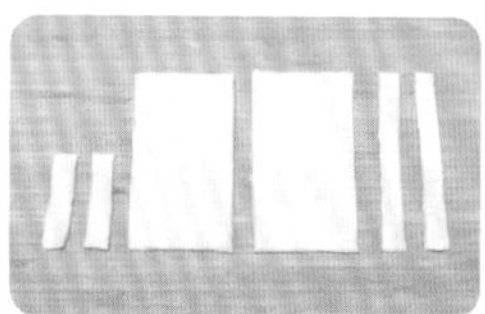
3 将一张圆形飞饼皮切成两个长方形饼皮和四条细条形饼皮。

4 取一张长方形饼皮，将香蕉馅放在饼皮中间。

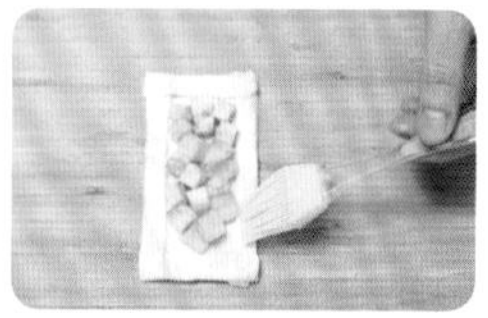
5 四周放上细条形饼皮，抹上蛋液。

6 盖上另一张长方形饼皮，用蛋液黏合，并用叉子按压出纹路。

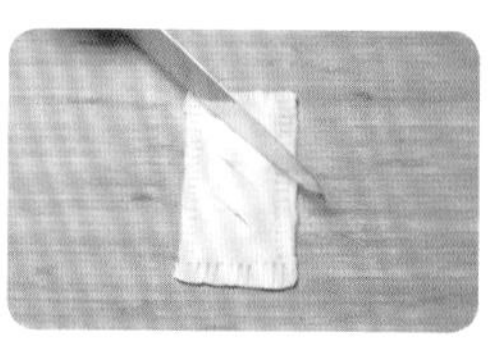
7 在香蕉派上轻轻划三刀，使饼皮划开，但不要切断。

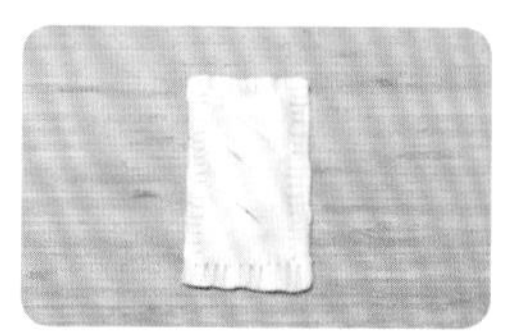
8 放置松弛15分钟。

9 在香蕉派上刷一层蛋液。

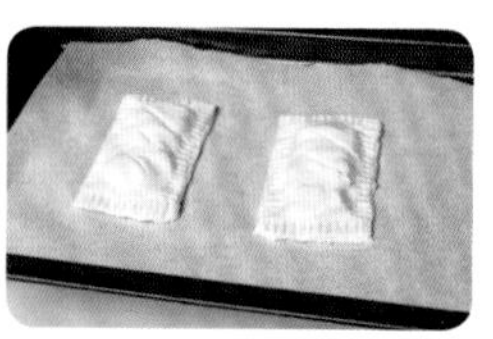
10 烤箱180℃预热10分钟，放入烤箱中层，上下火烤20分钟至表层金黄即可。

烹饪秘籍

1 香蕉宜选用熟透的，更香甜软糯。
2 派上一定要划几刀，以免烘烤时馅料膨胀、顶破皮。

很喜欢吃那家洋快餐店里刚出炉的香蕉派，外皮酥脆，内馅滚烫，软软的，又香又甜。在家里用飞饼制作，可以轻松复制出美味的香蕉派!

一口一个

茶香鹌鹑蛋

60分钟 | 简单

茶香鹌鹑蛋就是平常我们吃的茶叶蛋的迷你版，个头小，更容易入味，小孩子吃也完全不用担心会噎住！另外，鹌鹑蛋的营养丰富，也更容易消化吸收。

主料

鹌鹑蛋…500克
红茶包…3包

辅料

老抽…2汤匙
冰糖…20克
八角…1枚
香叶…2片
干辣椒…2个
盐…2茶匙

做法

1 鹌鹑蛋洗净，放入锅中，加水至淹没鹌鹑蛋，煮8分钟左右至熟。

2 捞起凉凉，用汤勺轻敲出裂纹。

3 熟鹌鹑蛋放入锅中，加入红茶包和所有调料，加水至高出鹌鹑蛋2厘米。

4 大火煮开后，改小火煮半小时即成。

烹饪秘籍

鹌鹑蛋煮好后，继续浸泡在调料中过夜，会更入味。

让麦片更好吃

坚果炒麦片

20分钟 | 简单

红糖给麦片带来了更丰富的色彩、营养和香味。这款炒麦片可以当早餐、零食、下午茶、夜宵，嚼着特别香，而且还耐饥。

红糖给麦片带来了更丰富的色彩、营养和香味。这款炒麦片可以当早餐、零食、下午茶、夜宵，嚼着特别香，而且还耐饥。

主料

生燕麦片…100克
熟核桃仁…200克
熟芝麻…5克
熟腰果…20克
熟南瓜子仁…10克
葡萄干…20克

辅料

红糖…20克

做法

1　核桃仁、腰果切碎。

2　不粘锅烧至五成热，不放油，下燕麦片，小火慢烘至微焦黄色。

3　放入所有干果和红糖，小火翻炒。

4　至锅内散发出红糖和坚果的甜香，关火出锅。

烹饪秘籍

全程小火，火大了极易炒煳。

益智补脑

琥珀桃仁

20分钟 | 简单

主料

原味熟核桃仁…200克
黄油…20克
熟白芝麻…10克

辅料

细砂糖…30克
蜂蜜…2汤匙

做法

1　将黄油切小丁，和细砂糖、蜂蜜混合。

2　放入微波炉用中火加热20秒左右，至融化成液体。

3　将黄油溶液倒入核桃仁中，搅拌均匀。

4　将核桃仁放入一个浅盘子中，铺平摊开，入微波炉高火加热2分钟。

5　取出翻拌一下，再次入微波炉高火加热2分钟。

6　取出，撒上芝麻，再次入微波炉高火加热2分钟，取出后凉凉即可。

烹饪秘籍

1　核桃仁需要铺在浅盘子中，以均匀受热。
2　后期核桃仁可能会粘连在一起，趁热时掰开即可。

外皮粘着白芝麻，裹着甜甜的糖浆，里面包着大颗香酥的核桃仁，色如琥珀，香酥脆甜。都说多吃核桃可以补脑，来一起吃吧，越吃越聪明！

胜过快餐店

奶油玉米棒

20分钟 | 简单

香甜的嫩玉米棒，单是煮熟吃就已经很美味了，还要给它洗个牛奶浴，加上黄油，还有糖，你想想，那该有多么美味，多么“罪恶”啊。

主料

玉米棒…2根
牛奶…250毫升
黄油…20克

辅料

白糖…20克

做法

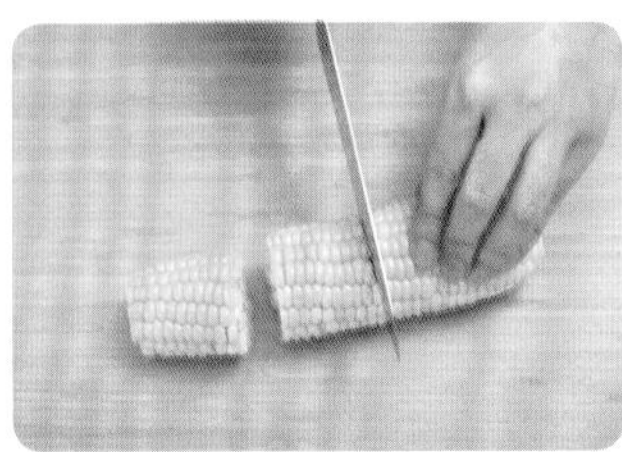

1 玉米棒洗净后切成三四段。

2 放入煮锅，倒入牛奶和约500毫升水，加入黄油、白糖。

3 放入玉米，大火煮开，转小火慢煮。

4 煮大约15分钟至汤汁黏稠、玉米棒散发浓郁奶香味，捞起，沥干后装入容器即可。

烹饪秘籍

1 玉米宜选用多汁的甜玉米。
2 小火慢煮至汤汁黏稠，注意多搅动，以免煳锅。

不走寻常路

红薯薯条

30分钟 | 简单

吃惯了土豆做的薯条，偶然吃了一次红薯做的薯条后大为惊讶——香甜绵软说的就是它了。自己摸索着做，吃一次就会让人念念不忘。

主料

红薯…300克
食用油…300毫升（实耗约30毫升）

做法

1 红薯去皮，切成粗条状，冲洗掉表面的淀粉，晾干水分。

2 锅烧热，倒入油，大火烧至油冒烟。

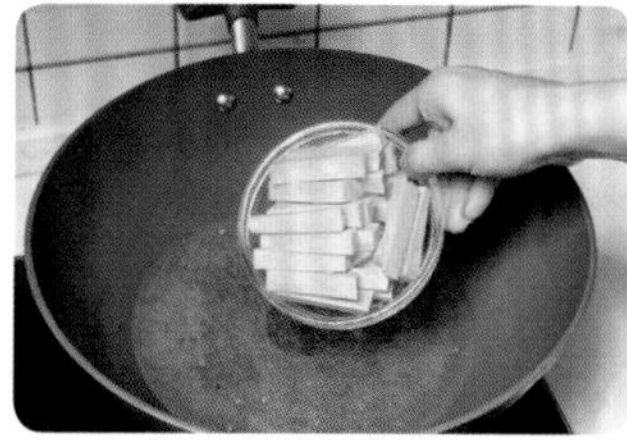

3 放入红薯条，改中火，慢慢炸至金黄。

4 捞起沥油即可。

烹饪秘籍

1 如薯条量多，可分批多次炸。
2 火不可太大也不可太小，太大容易焦，太小容易吸油。

一抢而空

紫薯球

30分钟 | 简单

主料

紫薯…200克
炼乳…30克

辅料

熟白芝麻…适量

做法

1 紫薯洗净，去皮，切成小块。

2 放入蒸锅中，大火蒸15分钟左右至熟。

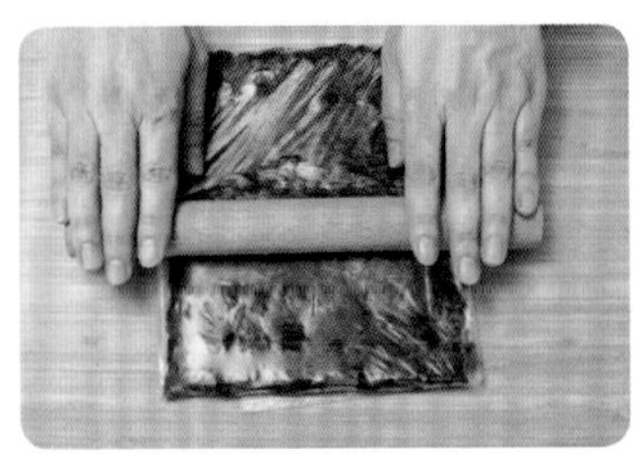

3 将蒸熟的紫薯放入保鲜袋，用擀面杖擀成紫薯泥。

4 在紫薯泥中加入炼乳，搅拌均匀，揉成一个面团。

5 取20克左右的一团紫薯泥，搓成圆球状，滚上一层白芝麻即可。

烹饪秘籍

也可以用椰蓉代替芝麻，但黏合性略差。

紫薯是薯类家族中的“贵族”，除了颜值超高之外，营养成分也不同一般，除了含有普通红薯的营养成分外，还富含硒元素和花青素，有强大的抗癌功效。

举个“栗子”

桂花栗子

35分钟 | 简单

主料

带壳板栗…500克
糖桂花…20克

辅料

玉米油…1汤匙
盐…1/2茶匙

做法

1 板栗洗净，切一道口子。

2 放入锅中，加水至没过栗子，加盐，大火烧开后，转中小火煮半小时。

3 捞出栗子，沥干。

4 炒锅烧至五成热，放油，放入栗子小火翻炒。

5 翻炒5分钟左右，放入糖桂花。

6 继续翻炒至糖桂花均匀裹在栗子上，散发出香味，关火出锅。

烹饪秘籍

切栗子时，将扁平的一面朝下，以免栗子滚动切伤手。

每当糖炒栗子上市的季节，街边总是飘荡着诱人的香气。香甜味美的栗子是干果中的佼佼者，中医认为它有补肾健脾的功效，可以说是价廉物美的“实力派”了。

“花心”小瓜

花花小南瓜

50分钟 | 简单

主料

南瓜…180克
糯米粉…100克
奶粉…20克

辅料

无核红枣…50克
蒿菜叶子…适量
食用油…1汤匙

烹饪秘籍

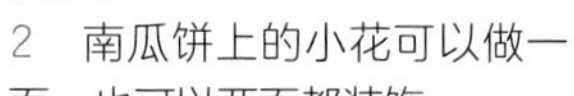

1　不同的南瓜水分含量不同，糯米粉用量可以灵活掌握，以能揉成一个柔软的面团为准。

2　南瓜饼上的小花可以做一面，也可以两面都装饰。

做法

1　南瓜去皮、去子，无核红枣横向切成薄片。

2　南瓜切小块，大火蒸约15分钟至熟。

3　碾成南瓜泥。

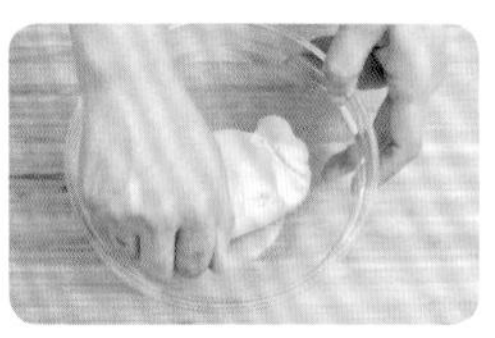

4　将糯米粉、奶粉和南瓜泥混合，揉成面团。

5　取20克左右的面团，搓圆后按扁成圆饼状。

6　取一片红枣片，贴在南瓜饼上，轻轻按一下，使红枣片陷进南瓜饼中。

7　再用一片蒿菜叶子贴在红枣下面，成为一朵小花。

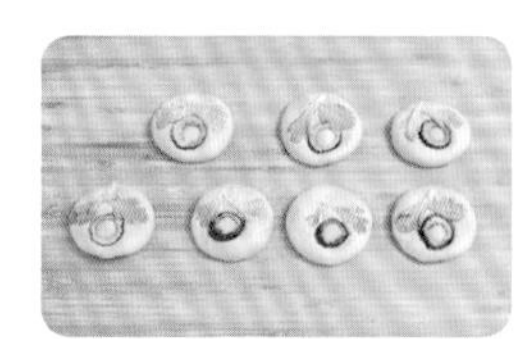

8　重复以上步骤，做好所有小花南瓜饼。

9　平底锅烧热，刷薄薄一层油，放入南瓜饼，中小火煎。

10　一面煎至金黄后，翻面煎，煎至两面金黄即可。

南瓜富含多种氨基酸和矿物质元素，还有维生素和果胶，可清热解毒，还有防癌功效。这么厉害的南瓜，外形也是金灿灿的，引人注目，加上小花的点缀，更吸引眼球。

比影院里的更好吃

焦糖爆米花

30分钟 | 简单

主料

爆玉米粒…50克
白糖…50克
黄油…20克

辅料

玉米油…1汤匙

做法

1 炒锅烧热，放入油，烧至七成热后放入爆玉米粒。

2 中火加热，待玉米粒在锅里慢慢爆开。

3 转小火，盖上盖子，不时晃动锅身。

4 待玉米粒差不多全爆开时，起锅倒出爆米花。

5 将白糖放入锅中，加入约40毫升水，小火加热。

6 熬至糖溶化，糖汁变成焦黄色后，加入黄油。

7 待黄油和糖汁融合后，加入爆米花。

8 迅速翻动，使爆米花裹上焦糖汁，起锅倒入铺了油纸的盘中凉凉即可。

烹饪秘籍

吃不完的爆米花用密封袋保存防潮。

只要一口平底锅，在家就可以做出干香酥脆的爆米花，绝对不输电影院里的。抱着一罐香脆的焦糖爆米花，你就是人群中的焦点！

蔬菜烤着吃

烤蔬菜脆片

20分钟 | 简单

主料

土豆…100克
牛蒡…100克
山药…100克
羽衣甘蓝…100克

辅料

玉米油…1汤匙
胡椒盐…适量

做法

1　土豆、牛蒡、山药洗净、去皮，切薄片。

2　土豆、山药洗去淀粉，用厨房纸擦去土豆、山药、牛蒡片表面的水分。

3　羽衣甘蓝洗净，剪成均匀的片状，擦去表面水分。

4　将所有蔬菜混合，加入玉米油和胡椒盐，搅拌均匀。

5　烤箱150℃预热10分钟，将蔬菜平铺在烤盘中。

6　放入烤箱中层，上下火烘烤10分钟左右，至蔬菜中的水分烤干即可。

烹饪秘籍

烘烤时间根据蔬菜片厚薄程度的不同可略作调整，需要随时观察烘烤程度。

什么时候才能忍住不把手伸向“罪恶”的薯片袋子呢？答案是：当你手里有烤蔬菜脆片的时候！口感香脆，没有过多的调料，让“一边吃零食，一边不发胖”成为可能。

懒人下厨房系列

家常美食系列

图书在版编目（CIP）数据

萨巴厨房. 野餐与便当 / 萨巴蒂娜主编 . — 北京：中国轻工业出版社，2020.3

ISBN 978-7-5184-2728-4

Ⅰ . ①萨… Ⅱ . ①萨… Ⅲ . ①食谱 Ⅳ . ① TS972.12

中国版本图书馆 CIP 数据核字 (2019) 第 239821 号

责任编辑：高惠京　　责任终审：劳国强　　整体设计：锋尚设计
策划编辑：龙志丹　　责任校对：李　靖　　责任监印：张京华

出版发行：中国轻工业出版社（北京东长安街6号，邮编：100740）
印　　刷：北京博海升彩色印刷有限公司
经　　销：各地新华书店
版　　次：2020年3月第1版第1次印刷
开　　本：720×1000　1/16　印张：12
字　　数：200千字
书　　号：ISBN 978-7-5184-2728-4　定价：49.80元
邮购电话：010-65241695
发行电话：010-85119835　传真：85113293
网　　址：http://www.chlip.com.cn
Email：club@chlip.com.cn
如发现图书残缺请与我社邮购联系调换
181362S1X101ZBW